矢野雅文

科学資本のパラダイムシフト

パンデミック後の世界

文化科学高等研究院出版局

知の新書
002

科学資本のパラダイムシフト

Scientific capital theory; Paradigm shift of science

† 目次 †

はじめに

近年「グローバリゼーション」が新聞やテレビなどのメディアで日常的に話題になっています。グローブといいますのは文字通り地球という意味ですから、「グローバリゼーション」は人間活動の世界化、つまり地球上のあらゆる場所にいる人間の活動が、瞬時に影響を与えあうことを意味しています。近年急速に展開されてきた「グローバリゼーション」は科学技術の発展と重なります。しかし、この「グローバリゼーション」は必ずしも人間にとって好ましい変化とばかりとは言えない状況になっています。その最たるものに「エネルギー・食糧・地球環境問題」と「格差の問題」があります。これらが生じた背景には、人間の諸活動に影響を与えた科学、科学技術、工学、科学哲学があります。科学は元々体系化された知識や経験の総称で、自然科学、人文科学、社会科学すべての領域を含んでいました。それが十七世紀に起きた科学革命以後は、科学的方法に基づく学術的な知識や学問を指すようになり、現在ではより狭い自然科学を意味することも多くなってきています。科学技術は科学的知識を実用的な目的のために工学的に応用する方法論をさしますが、いまでは科学技術と工学との区別がはっきりしなくなってきています。古来、工学は私的な経験知の体系化という側面が強かったのですが、そんな経験知が科学的方法によって理解されるようになり、個人の経験という側面が強かった経験知は誰もが共有出来る普遍的知として広がりをみせることになりました。それにしたがって、科学技術の経済的活動における役割も増大しました。言い換えれば、科学技術が数学と自然科学を基礎とし、ときには人文科学・社会科学の知見を用いて、人類の役に立つ人工物や環境を構築するという目的をもって発展したために、人間の諸活動の「科学資本」として重要な地位を占めるようになったのです。

しかしながら、近代文明が現在様々なひずみを生んでいるとしますと、その最大の原因は利便性・快適性を増すように開発されてきた科学技術が、無制限にまた他と無関係に進歩させることが出来ないものであることを認識してこなかったことによると思われます。つまり、科学技術を発展させる際に、人間や人間社会のあり方の視点が抜け落ちていたために、もはや制御不能の状態に陥っているのです。このままの姿では近代文明は普遍的な文化としての役割を担うことは出来なくなってしまいます。

生命は本来自然との一体性の上に成り立つものですが、現在の科学技術はこの一体性を失わせる方向に進んでいることになります。現在の科学技術は人間がその風土に根ざして営々と作り上げてきた文化資本を破壊してしまう危険すらはらんでいますし、実際その方向で変化が起きている事は否定できません。これを避けるには、人間の生命活動から遊離して、一人歩きをしてしまった科学技術をトータルな生きている実体にふさわしいあり方に引き戻すことです。われわれを取り囲む環境は常にしかも無限に変化する、いわゆる諸行無常の世界です。この複雑な自然を理解することを目指して自然科学は体系化がなされてきました。ここで圧倒的な成功を収めたのが、デカルトの二元論に始まる自他分離の方法論です。この方法論の下で発展した自然科学は普遍性と予見性を獲得することに成功しましたので、いまなお強力な方法論として現在も隆盛を誇っているのです。

しかしこの方法論で自然現象をすべて解明できるわけではありません。生命システムは非線形で複雑な現象であることから、複雑系の研究に注目が集まりました。小さな揺らぎが成長し一定の秩序が形成される自己組織現象や、未来永劫まで予測される規則で表現されている非線形の確定系でも小さな揺らぎによって未来の状態が予測不可能になるカオス現象などが次々と明らかになってきています。これらの研究によって、系の巨視的な性質は系を構成する要素に還元できるという要素還元論や自然現象は決定論的な予測が可能であるとした機械論的世界観が非常に限定された場合にしか成り立たない論理であることが明らかになってきました。しかしながら、複雑系の研究は依然として自他分離の方法論に基づいて行われているために、「生きること」の本質に迫ることが出来ていません。

自然現象は本質的に予測不可能であるという意味で無限定です。われわれを含む生命システムの場合はこの無限定な実世界の中で生きるために、時々刻々複雑に変化している環境と調和的な関係を作り出さなければなりません。つまり、生命システムは無限定な環境で生存しており、生命システムを一定の環境という境界で切り取る操作をしますと、その本質が失われることになります。自然を対象化して切り取る操作は、問題を予め規定する操作なので、予測不可能的に変化する環境下で生きる生命現象に対して、予め規定してしまうという方法論を適用することは、はじめから生命らしさを排除したところから出発していることになってしまいます。つまり、今の自然科学は客体化された物質世界の法則性の体系化にすぎません。生命世界の法則性は「生命システムは如何にして実世界を自在に認識し、実世界で自在に行動できるのか？」という法則性なのです。

人をとりまく環境は時間とともに常に変化を続けるし、私たちはそれがどのように変化するのかを正確に予測することはできません。また全く予想できなかったことが起きることもしばしばあります。このように変化する環境のなかで人間を含めた生命システムは生きていくという宿命にあります。古来人間は生きていくために、この環境変化にいかに対処したら良いのかということにひたすら心を砕いてきたと言って良いでしょう。原始的には人間の運命をも左右する環境変化に対して、ひたすら祈願したり、儀礼や、呪術を用いたりするなどしてこれに対処しようとしました。しかし、自然の圧倒的な力の前にはこれらの方法がなんと無力であることを知らしめられることとなり、内的にこの無常さに対処する方法として、感情や観念のなかで自己を変革するために宗教や思想を発達させてきたと言えるでしょう。その一方で、人間は自然に働きかけるための技術を作り出し、技術によって物理的に生活環境を変える試みも発達させてきました。つまり、技術によって身の周りの物理的世界を変革することで環境変化からの影響を避けようという方法です。もっとも、このような方法が顕著に用いられるようになるのは近代以降になってからになります。

そこで生まれた近代科学は事象を動かしている客観的な法則いわゆる因果律を明らかにし、こうして得られた知識が人間生活に役立つことが明らかになるにつれ、科学技術として体系化されていくことになります。しかしながら、西洋で生まれたこの新しい科学技術はすんなりと社会に受け入れられたわけではありません。新しく勃興してきた科学技術の世界観がそれまでの世界観である宗教や哲学と激しく対立する事態が生じたためです。歴史的にはガリレオ事件として知られるような深刻な社会問題がおこりました。コペルニクスの地動説を支持し異端審問を受けた哲学者であるジョルダーノ・ブルーノはローマのカンポデフィリオ（花の広場）で一六〇〇年に火あぶりの刑に処せられましたし、やがてガリレオも宗教裁判にかけられることになります。ガリレオはその時地動説を唱えないことを誓うことで極刑は免れましたが、晩年は軟禁状態で過ごすことになります。このような事件は明らかに宗教による迫害でした。もっともバチカンのローマ教皇ヨハネ・パウロ二世は、一九九二年にガリレオ裁判が迫害であったと認めて謝罪しましたので、ガリレオは名誉を回復することが出来ましたが、それでも没後三百五十年の歳月が必要だったのです。

ガリレオはこの対立を避けるためには、科学を哲学や宗教から分離することが必要であると考え、科学は人間の価値観とは無関係に中立であり、科学それ自身は自己完結的に閉じた世界であることを主張しました。また実証主義の立場で科学を実践しましたので彼は「科学の父」とも呼ばれます。科学は対象化した現象において観測される事実だけが本質的であり、この事実は観測する人間の価値観には依存せず、誰が観測しても同じ事実だけが得られます。そこには主観の入り込む余地は全くありませんので、何人といえどもこの事実には服さなければならないという普遍性を主張したのです。このことが客観性といわれるものであり、そこで得られた法則の持つ普遍性によって科学が人間の価値観から解放されることになりました。これがいわゆる科学の没価値性といわれるものです。このことによって、宗教、哲学、科学はおのおのの領域を侵略することなく、各々が独立した存在として認め合うことが可能になり、世界観の対立を見かけ上解消してしまいました。つまり、科学の目的を科学の外側に置くことにより、自然科学それ自体には価値の問題が入り込まないように仕立てることができます。そうすれば、価値は使用する側の問題になってしまいますので、科学それ自身は人間の哲学、宗教や倫理とは無関係に成立するように折り合いが付けられることになったのです。こうして科学技術は、独立性を確保しましたが、そのために自然科学が自閉性、自己完結性の傾向を強めていったことは否めません。このような科学がとった自他分離の方法論は、

（一）自然を人間と切り離して対象化し、ある現象が他の現象と独立である境界で自然を切り取り、

（二）その内部で自然の複雑な構成要因を排除して、一様な理想世界で成り立つ法則性を求める。

（三）切り取った世界はお互いに干渉しないので分析的に求められた世界を再び足し合わせると全体ができる。

ということになります。

したがってこの科学の方法は勢い分析的にならざるを得ませんし、そこで求められてきたのはいわゆる因果律であり、一意的な時空間における継時的秩序の法則になります。このことが科学的であることが分析的であることと等価であるように受け取られているゆえんです。現在の自然科学の基盤である物理学は「現象を対象化」することで成り立っていますが、どのように対象化し、どのようにして他と干渉しない境界で切り取ってくるかということは自他分離に基づく科学の方法論の内側にあるのではなくて前提となっています。したがって、前提自身は

自明であり議論の対象とはしないのが普通です。しかし、この前提の中に科学技術の価値の問題が含まれておりますので、問題を規定することは意味的な規定を人間が行っていることになります。この意味的な規定を行うことは科学の論理の外側にありますので、これまでの科学が積極的に意味の問題を排除してきたことと等価と言えるでしょう。しかし、このことによって科学が価値の問題から全く解放されたかと言えば、必ずしもそうとは言えません。自然科学が意図的に意味の世界を排除しようとしてきたにもかかわらず、実は自然科学はその体系の背後に多くの価値的な体系を抱え込んでいます。この価値的な体系は科学の進歩と共に絶えず書き改められてきました。たとえば、絶対空間や絶対時間といった概念も一つの価値観に基づくものですが、それは相対論の出現によって覆りましたし、測定の過程を制御できるとしたニュートンの錯覚といわれるものは量子論の出現で破れたことになります。また世界の決定的な予測が可能であるとしたラプラスの夢はカオスの出現によって葬り去られました。

このように自然科学を支えている前提は、新しい科学によって何度も組み換えられてきたのが科学の歴史だと言えます。それが創造性であり、そもそも、主体と客体を分離するという方法論こそ、ひとつの価値体系に過ぎません。デカルト切断と言われるものは、どのように切断するのかは人間の世界観、価値観によるものですから一意的には決まらないことになります。自然科学の発達の歴史から見れば、科学がいかに没価値性であると主張しようとしても、自然をどのように見るのかという意味では価値の問題から逃れることはできないというジレンマを抱えているのです。

これまでの科学における法則性は基本的には、客体化された物質世界において成り立つ法則性になります。この法則だけで人間を含めた世界の論理構造を記述できることは自明ではありません。それを検討するには生命現象をデカルト切断したときに何が明らかになり、何が切り落とされることになるのかを検討する必要があります。自然科学で明らかにしてきた物理法則は自他分離を行った系の法則性であり、そこで出来るのは「因果律に基づく一意的な時間・空間における事象の記述」です。つまり因果律は継時的秩序の法則性なのです。この時間発展を微分方程式で表すとすれば、これを解くためには境界条件、初期条件、それにパラメータが予め決まっている必要があります。微分方程式からなる系をシステムと呼ぶと、境界条件、初期条件、それにパラメータはいずれもシステムの外的条件によって決まるものです。つまり、境界条件、初期条件およびパラメータが既知であることが前提ですから、システムが置かれている世界が予め想定されていることを意味しています。

そしてそこでは解くための必要な情報は完全に得られることが求められています。解くために必要な情報が完全にある場合はその問題は「良設定問題」と言い、不完全な場合は「不良設定問題」と言います。対象としている問題を「良設定問題」にするために、しばしば極端に理想的な状態を想定して、そこで働く法則を求めることを行います。この方法は経験的に大変有効な場合が多いのです。すなわち物質世界で求められてきた因果律は「予測可能性」を保証しますし、完全な情報は「観測可能性」を保証していることになります。このように「想定した世界」、つまり、環境から切り離されたシステムの科学を「物質科学」とよぶことにします。この物質科学の方法論をそのまま生命科学に適用した科学を「生命物質科学」と呼ぶことにしましょう。「生命物質科学」では、自己充足的な実体間の関係は外的なものになります。イギリスの生物学者ウォディントンは著書『生命の本質』（岩波書店）の中で「部分の性質は部分と全体系における他の部分との関係を知ることによってのみ理解できる」と述べていますが、後述するように生命システムではまさにこの関係が本質的になります。したがって、生命物質科学の方法論では絶えず変動する無限定環境に生きている生命システムの本質が抜け落ちてしまいます。

生命科学は従来の物質科学から脱却した新しいパラダイムが必要となります。本書ではそのパライムシフトについて議論することにします。

Ⅰ　生命科学　―自律性―

最も強いものが生き残るのではなく、
最も賢いものが生き延びるのでもなく、
最も環境に適応できる種が生き残る。
（チャールズ・ダーウィン）

共時的秩序の法則性

生命システムには物質的側面と、情報的側面があります。生きることは物質的側面がもちろん重要ですが、情報的側面の働きが本質的になります。情報がなければ制御はありえないし、制御がなければ生命はないことによります。したがって、生命システムはなぜ・どんな情報が必要なのかを検証しなければなりません。生命は本来自然との一体性の上に成り立つもので、複雑な環境で「しなやか」でかつ「したたか」に適応して生きて行くにはいわゆる予測限界、観測限界を超えて「自らを制御する情報を自らが創る」という自律性が本質的に重要になります。自然との一体性の上に立つ自律性こそが、生命の多様性を生んだと言えるからです。つまり、自律性は実世界における生命システムの認識や制御の論理の前提であり、出発点となります。「生きること」は生命システムが「無限定な環境と調和的な関係を自律的に創りだすこと」であり、生命システムの認識機能や運動機能は環境との調和的関係を作り出すための機能です。無限定環境に生きているから情報を創らざるを得ませんし、情報をつくるための自律性こそが生命世界と非生命世界とを明確に区別する性質となります。物質世界では情報をつくる必要がありませんでしたから、この自律性に関するものは存在しません。物理科学で取り扱われてきた自己組織系の自己は生命システムの自己とは異なっていて、そこでいう自己は単に原子や分子の集合からなる系の意味に過ぎません。この系の時空間的な秩序の法則性によって、システムが環境と調和的関係を生成するのではありませんので、自律性と自己組織性は厳然と区別されなければならないのです。つまり、生命システムが置かれた環境において生きていくためには、適切な調和的関係を自律的に創る必要がありますし、その調和的関係を自律的に充足するように制御されなければなりません。したがって、生命システムの持つ自律性の本質を明らかにしないことには生命システムの論理を取り出すことはできないのです。生命システムはまず感覚器からの入力で環境がどのようなものであるかを推察し、自己との関係でどのような調和的関係を創るのかを設定しなければなりません。調和的関係を設定して、それを達成するようにシステムを変化させていくことになりますので、生命システムの論理は必然的に逆問題を解く論理となります。その調和的関係を達成するようにシステムが行動したり制御したりした後で、設定した調和的な関係が正しかったのかどうかが評価できることになります。これまでの物理科学の法則性である因果律を用いてボトムアップ的に継時的な秩序を創るだけでは調和的な関係を作ることはできません。生命システムが実世界に適応して生きるためには、観測限界、予測限界を超えて因果律による継時的秩序の法則を包含した、新しい論理構造が必要となります。無限定な環境にある生命システムが自律的に調和的関係を創るための必要十分条件こそが生命システムの論理となります。
まず、自律システムの必要条件を挙げてみましょう。
（一）システムは無限定システムでなければなりません。予測不可能的に変化する環境下において、生命システムが環境を認識し、環境に合わせてシステムを制御しようとすると、そのシステム自身は無限定でなくてはなりません。無限定システムは、要素の性質と要素間の関係が予め決まっていないシステムをさします。もし、要素の性質と要素間の関係が予め規定されていれば、システムの性質も規定されてしまうことになり、無限定な環境に柔軟に対応することが出来ません。
（二）自己言及システムであること。環境と調和的な関係を作り出すためには、システムがそれを創り出すための規範を有する自己言及システムでなければなりません。
この点がシステムの外部から与えた知識ベースの推論をするこれまでの人工知能（AI）と決定的に異なる点です。自律的に環境と適切な関係を作るということは、無限定なシステムが環境に応じて自らを限定することになりますので、要素の性質と要素間の関係を決定する情報を自ら獲得しなければなりません。通常生命システムと環境の間でやり取りされる情報は、それ自身曖昧性や不完全性が含まれていますので、限定するのに十分な情報を得ることはできません。おかれた環境で無限定システムが調和的な関係を創り出すには、要素の性質と要素間の関係を限定するための拘束条件が必要となります。これまでの科学の方法論であれば、システムの外部から人間が拘束条件を与えることで対処することになります。この方法は解が一意に求まらない場合や、情報の不完全性を補完するために、状況を限定することで、時不変の拘束条件をシステムに課して不良設定性を解消する方法です。これは複雑な環境をむりやり規定して、簡単化することに相当していますので、当然実世界で起きる現象との乖離が生じることになります。したがって、生命システムが実世界において調和的関係という拘束条件をリアルタイムでしかも自律的に創りだすことによって不良設定問題を解いているのとは本質的に異なります。生命システムは環境がどのように変化するのかは知りえないという予測限界のある世界で生命を営んでいるのであり、物理科学で言うところのパラメータ、境界条件、初期条件を完全には知り得ないという観測限界のある世界、身体を移動したり姿勢を変化させたりする時に避けられない時間遅れという制御限界のある世界でリアルタイムに適応して生きていることになります。これらの限界が存在することが物理科学における逆問題が必然的に不良設定問題になる理由です。生命システムはこの不良設定性を解消するために自己言及性という機能を獲得したのだと考えられます。なぜなら、無限定な環境にある生命システムは周りとの相互作用で得られる情報だけで環境と調和的な関係を創らなければなりません。その際、どのような調和的関係を作るのかということが、我々が「見なし情報」と呼ぶ拘束条件です。つまり、生命システムは「見なし情報」を「仮設」して、それを自己言及的に充足するように行動するのです。このためには、生命システムには少なくとも二種類の自己言及性が必要となります。

生命システム全体と環境とのあいだに調和的関係をつくるためには、まずどのような調和的関係をつくるのかという「見なし情報」が必要となります。これはシステムに対する拘束条件に他なりませんが、それを創り出すためにはシステム自らが判断する基準、つまり、システム全体として判断するという自己言及性を有することが必要になります。システム全体として「見なし情報」を満たそうとすれば、システムを構成する各要素は調和的関係を満たすように要素の性質と要素間の関係を変えなければなりません。このことはシステムを構成する要素自身もまた自己言及性を持たなくてはならないことを意味します。システムを構成する各要素は調和的関係を満たすように協調的に働かなくてはなりませんが、それだけでは要素間の関係は一意に決まりません。調和的関係を満たす満たし方は無限に存在する可能性がありますので、満たし方の法則性が必要となります。通常は最適に満たすことが望まれますので、最適性を評価しながら要素の性質と要素間の関係は決まらなくてはなりません。そのためには自己言及性を有する要素間の競合・協調関係が本質的となります。

方法論的に見れば、生命システムにおける認識や制御は環境と調和的な関係を「仮設」し、それを自己言及的に充足するという逆問題を解いていることに相当します。この場合、「見なし情報」を創る法則性とそれを充足する法則性が必要となります。生命システムが「見なし情報」を創る方法には二種類あって、一つは環境の変化に対してとりあえず意味をつけて「見なし情報」を創る場合と、もう一つは記憶を使って「見なし情報」を創る場合です。前者は緊急の場合で、危険を感じたりすれば、何が起きているかが正確に分かる前でも、とりあえず行動しなくてはなりません。そうでなければ身の危険があるからです。後者は記憶を使って経験的に「見なし情報」を創る場合です。いずれにせよ、「見なし情報」を

図1

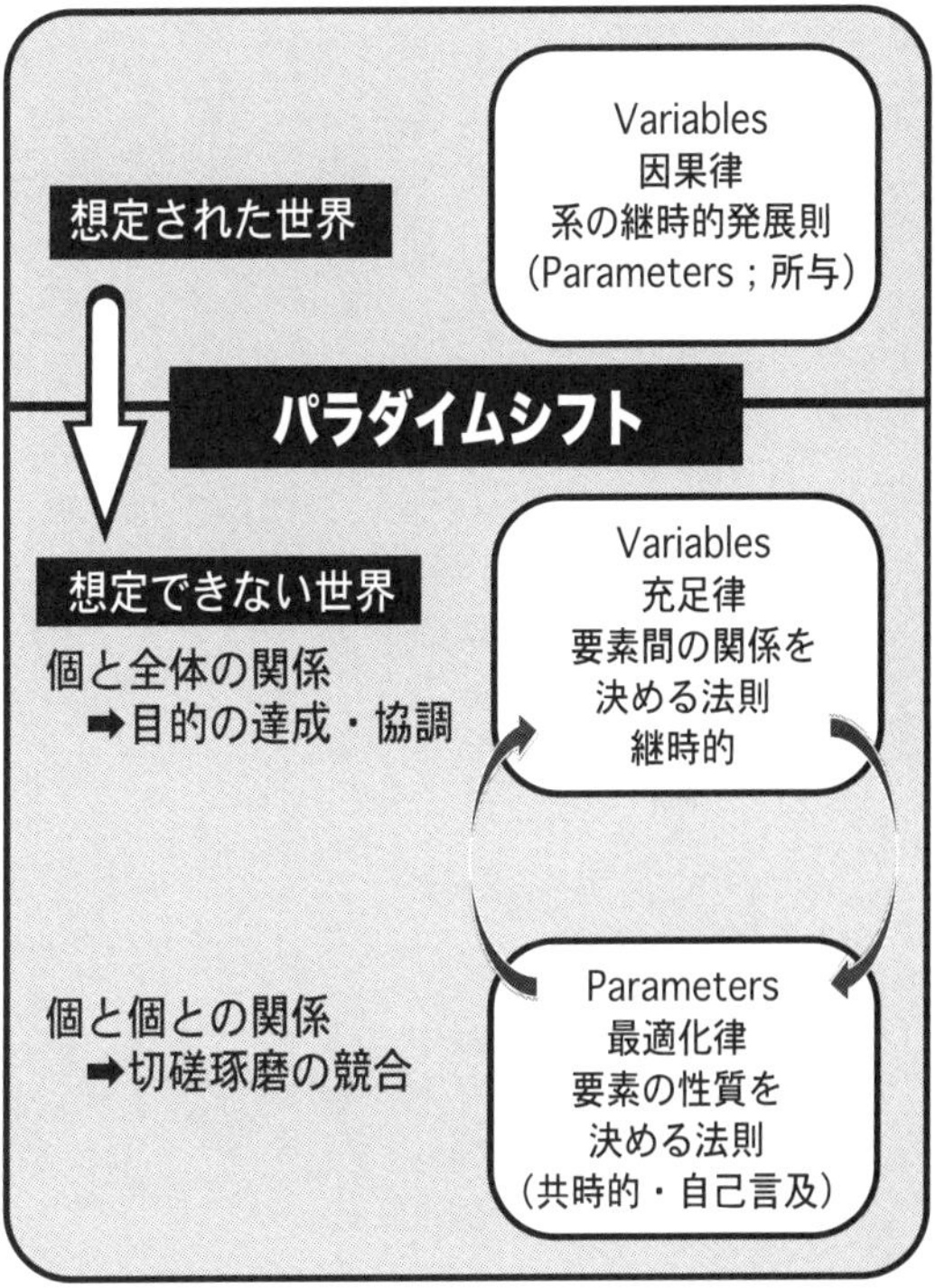

創るということは環境とシステムの関係に意味をつける機能です。

　この見なし情報をどう達成するかという法則性がもう一つの十分条件になります。見なし情報を一意的かつ最適に充足するように、システムを構成する要素の性質と要素間の関係が決定される法則性、つまり、「共時的秩序の法則」が必要となります。生命的世界における「共時的秩序の法則」は時間軸に直交する法則性なので、物質的世界で求められてきた「時間的秩序の法則」と矛盾するものではありません。現実世界を物質的世界から見る場合には「時間的秩序の法則」、すなわち因果律によって記述することが出来ますが、生命的世界から見る場合には、因果律に加えて調和的関係を創り出すための機能を発現する法則が必要となります。物質的世界を因果律を用いて記述する場合、物理変数（Variables）の変化はパラメータ、境界条件、初期条件を与えた上で決定されます。これに対して生命的世界では環境は予測不可能的に変化しますので、システムにおける物理変数（Variables）とパラメータは同じ時定数で変化することになります。したがって、システム自身がパラメータを自己言及的に時々刻々決定していく必要が生じます。パラメータを時々刻々自己言及的に決定する法則が「共時的秩序の法則」なのです。つまり、現実世界を生命的世界から見る場合は「時間的秩序の法則」に加えて「共時的秩序の法則」が必要であることを意味していて、「見なし情報」を創る法則性と合わせて生命システムが知を創発する新しいパラダイムを創ることが求められていることになります。

「みなし論理」と「アブダクション」・「演繹・帰納論理」

すでに述べましたように「知」の本質的な理解までには近代科学は余りにも距離があるのです。なぜ生命システムは知を必要としたのかを振り返ってみます。生命システムは「環境と調和的関係」を創ることが、すなわち生きることです。環境は予測不可能的にしかもダイナミックに変化しますので、生命システムは常に新しい環境に曝されていることになります。新しい環境に対して調和的関係を創るのに必要な情報を予め用意しておくことは原理的に不可能です。したがって、生命システムは常に調和的関係を創るための情報を作り続けなくてはなりません。

このような生命システムの知的活動を本質的に理解したいという願望は古くからありました。物質世界では「因果律」を明らかにすることで、人間は自然の構造を理解してきました。これまでの自然科学が有する論理は「演繹」と「帰納」です。この論理を生命システムの知的活動に応用することで、知能、知識、推論等が明らかになることが期待されていました。知識工学を提唱したファイゲンバウム (Feigenbaum) は知識表現、知識獲得、知識利用が知識に関する基本的課題であると指摘しています。すでに述べましたように人間の知的活動を人工的に実現しようとした人工知能では、「ファイゲンバウムのボトルネック」といわれるように知識獲得が最大のボトルネックとなっています。つまり、ここでいう知識獲得はシステム自身が自律的に知識を獲得するという意味ですから、人間がシステムの外から知識を入れるのとは根本的に異なっています。知識の表現も、知識の利用も根底では繋がった問題なので、知識や推論を論理で表現しようと試みましたが、既存の「演繹」と「帰納」の論理だけでは情報を創り出すことは出来ませんでした。情報を創るには推論が必要となりますが、「演繹的推論」は解析的であって、一般的かつ普遍的な前提から個別的な結論を引き出すことになりますので、前提が持っている以上の情報は引き出すことが出来ません。したがって、この論理は情報を創る論理ではないということになります。同様に「帰納的推論」は特殊から普遍を導く推論です。これは標本から母集団を推論する統計的な方法論によるものです。したがって、帰納的推論は蓋然性を推論するだけなので、この推論でも前提に含まれている情報以上の情報は創られないことになります。

これに対して、新しい情報を創る論理にパース（Peirce）のアブダクションがあります。彼によれば「アブダクションは説明的な仮設を形成する過程である。それは新しい観念を導く唯一の論理的操作である。」と述べています。すなわち、結果をもたらす原因を仮設として創ることになりますので、この論理は新しい情報を創る論理になっています。こうして創られた仮設は演繹的手法によって説明され、帰納的手法によって蓋然性が確かめられることになります。創られた新しい情報は適切な説明なり法則になりますので、科学における理論的発見はすべてアブダクションであると言えます。ここまでは近代を創り上げてきた自他分離の方法論であり、因果律に支配された想定された世界における情報の創り方と整合性のある論理となっています。

パースはこのアブダクションの論理を認知過程まで拡張し、認知過程は推論であり、データの解釈を仮設することがアブダクションの論理であるとしました。アブダクション、すなわち逆行推論は結果を肯定する非論理的推論であり、原因を仮設として創ることであるとしました。この意味では帰納的推論とは明確に異なっていますが、依然として因果律的世界観に留まっています。なぜなら、因果律は現象を現在から過去へさかのぼって原因を探ることによって求められるからです。したがって、普遍主義を踏襲しているアブダクションは、要素の性質と要素間の関係は不変ですし、それを用いた認識過程は環境の一様性が保証された自他分離の世界の論理であることは論を待ちません。つまり、いろいろな条件においても少数・普遍な法則でもって記述出来るとする多対一の論理を超えたものではないのです。

これに対し、先に述べたわれわれの「みなし論理」の第一段階は未来における環境と生命システムの調和的関係、すなわち原因ではなくてどのような調和的関係を創るのかという未来に対して目的を仮設することです。そのあと仮設した目的である調和的関係を達成することになります。目的を設定してそれを達成する問題は逆問題です。これは未来のあるべき姿を仮設した時に、システムが環境に応じて多様に変化するという意味で一対多の論理になりますので、必定、調和的関係を達成するためにはシステムの要素の性質と要素間の関係が変わらなければなりません。「見なし論理」では調和的関係を達成する法則を適応律と呼ぶことにします。因果律が継時的秩序の法則性であるのに対して、適応律は共時的秩序の法則性であるといえますので、両者は歴然と対比されることになります。論理としては、調和的関係の創成（目的：拘束条件創成）→充足（行為）→評価 となり、仮設した調和的関係が評価され判断された結果、適切に充足されていれば、新しい情報が創られたことになりますし、それが適切でなかった場合は新たな調和的関係である拘束条件を仮設することになります。ここに来て論理に初めて評価が入ることになり、この判断によって意味が創出されることになりますので、「見なし論理」は新しい情報を創り、獲得する論理になります。

非生命世界の論理から生命世界の論理に移るためには、明らかにパラダイムシフトが必要になることが分かります。非生命世界では因果律を用いていわゆる順問題を解く論理になっているのに対し、生命世界では調和的関係を仮設し、それを適応律で充足するいわゆる逆問題を解く論理になっていることです。逆問題は一般的に不良設定問題になります。非生命世界の論理

図2

生命的世界の論理構造

生物は如何にして実世界を自在に認識し、
実世界で自在に行動できるのか？

生きていることは環境とリアルタイムに調和的関係を作ること

→ 調和的関係性を作る法則性が必要（目的）

→ 調和的関係を作る＝仮設（見なし）

→ 仮設を如何に充足・評価するか

これは共時的秩序の法則（適応律）

新しいパラダイム

従来の継時的秩序の法則（順問題）＋共時的秩序の法則性（逆問題）
（因果律）　（適応律）

である自他分離の論理では不良設定問題を解くためには、良設定になるように、境界条件、初期条件、パラメータが決まるように拘束条件をシステムの外から付加します。生命世界の論理である自他非分離の論理では不良設定問題を解くためには、外から拘束条件を付加するのではなく自己参照によって調和的関係（目的）という拘束条件を生成し、それを達成できるように要素は自己言及しながら適切な要素自身の性質と要素間の関係を新たに決めることになります。自己言及性が無ければ不良設定性が解消できません。自己言及によって調和的関係を自己決定し、自己言及によって調和的関係を自己実現し、自己決定と自己実現を繰り返すことで新たな自己創成を行うこと、これが生命システムの自律性の本質です。

情報生成の論理における空間と時間

人間が環境と調和的関係を創るには、人間が身体という制約の下に環境を認識して制御することが必要となります。そのために人間は「時間」および「空間」という功利的な概念を創りだしました。人間は身体を通じて環境と相互作用することによって、はじめて環境を認識できるためです。つまり、人間は五感を通じて環境からの情報を得て、身体を通じて環境に働きかけますから、この相互作用をどのように理解するのかは、人間が生きていくうえで本質的な問題なのです。根源的な認識形式であるこの相互作用を「空間」と「時間」として分節化することで、環境の価値や意味を理解し、調和的な関係を築くことが容易になったのです。空間は身体的な相互作用の制約で、届くとか届かないといったことの表現です。日本の尺は人体の骨格の尺骨の長さだと言われていますし、そのほか尺は東アジア諸国でも同じように使われていて、いずれも身体の腕の特徴に由来しています。ヨーロッパではほぼすべての文化で足の大きさに由来するフィートが使われています。世界中で足と手の違いはありますが、身体的制約を

図3

時間と空間

人間は身体を通じて環境と相互作用することで

→ 環境を認識し。
→ 環境に調和するように制御する

「時間」と「空間」はそのために創られた功利的な概念
→ 認識の枠組みであって
→ 認識の対象とはならない

「主観的時間」と「抽象的時間」が存在

使って表現しているのは共通しています。

　時間は相互作用の可能性を表す測度として定義されています。相互作用の可能性は、ぶつかるとか追いつくとかいったような、変化するものの評価とその達成を図る度合いになります。このようにして獲得した測度としての時間概念は、自然現象との相互作用に対して、きわめて強い蓋然性を持っています。それは私達が個人の経験事象に先立つ五感の解釈メカニズムを持つというカントの解釈とも整合します。事実、私達の視覚では、眼球が球体であることから、相対的に動いていても物体までに到達する間合いは正確に測ることが出来ます。このタイミングを取るメカニズムは人種によらず共通です。このように運動に関する人間の認識形式が同じであることから、お互いに共有することのできる「抽象的な時間」の概念を生むことが可能になったと思われます。これが私達が日常的に使用している「抽象的な時間」です。一方で、相互作用の可能性を表す測度としての時間は別の側面を持っています。誰もが経験したことがあると思いますが、難しいテスト問題を夢中で解いている場合は、時間は早く過ぎ去るように感じます。私のように年を取ると、動作や頭の回転が鈍りますから、時間は早く過ぎるように感じます。物事を達成する能力が低ければ時間は早く過ぎるように感じますし、能力が高ければゆっくり過ぎるように感じます。これが主観的時間といわれるものです。この抽象的な時間と主観的な時間を比較することで、私達人間が持っている時間を実験的に検証出来ると思われます。このことはきわめて重要なことで、われわれが環境を認識したり、調和的関係を創ったりして生きていく際には、二つの時間を巧みに使っていると思われます。時間の不可逆性の根源も二つの時間の違いからくると思われます。「抽象的な時間」軸上では運動は対称であっても、主観的な時間は相互作用の可能性としての測度ですから、負になりません。この場合は時間に対して非対称となります。また、年齢、気分や状況によって感じる時間の速さの変化は、二つの時間を比較するから感じられることです。また、自然科学で明らかにしてきた因果律は共有出来る「抽象的時間」、すなわち、パラメータとしての時間が存在することを前提として成り立っています。

これで分かりますように、「時間」および「空間」は認識するための枠組みであり、「時間」

と「空間」は認識の対象とはなり得ないのです。私達はノイズかシグナルかは分からない刺激から、意味を仮設し、仮設した意味から表象を仮設します。また仮設した表象から意味を仮設するという相互誘導的な働きで意味と表象を構成していきます。最終的に両者が合致することで図と地が分離します。デカルト的自他分離の世界観では意味生成を排除しますから、一様な空間、一様な時間を対象世界に設定します。デカルト・ニュートンパラダイムではアノマリーとされる図形錯視や時間遡及、仮現運動、聴覚の時間マスキング、遮蔽補間など様々な現象に日常的に出会います。これらの現象を意味的側面を抜きに理解しようするために生じている問題で、人間の認識パラダイムではアノマリーでもなんでもありません。先に述べました「不良設定問題」もデカルト・ニュートンパラダイムが意味生成を排除したことから生じています。人間の認識パラダイムは意味生成を基盤に成り立っていますから、デカルト・ニュートンパラダイム下での不完全情報に由来する「不良設定問題」は起こりえない問題であることを改めて指摘しておきたいと思います。また現在の人工知能のアポリアである「フレーム問題」も同様の理由で生じていますから、これはまさにデカルト・ニュートンパラダイムが生んだ人為的な問題なのです。

II　述語性の科学　情報生成の論理

情報生成の三段階理論

人間の認識機能、制御機能は予測不可能的に変化する環境下では、時々刻々の情報生成によって働いています。この情報生成をまとめますと次の「情報生成の三段階理論」として表すことが出来ます。

情報生成の三段階理論（調和的関係を創る）

（一）未来から現在へ調和的関係という拘束条件を創る

（二）個は拘束条件を満足するように未来へ向かう

（三）この行為の結果を評価することで意味（情報）が創られる

調和的関係を創るには「自己の場所中心的表現」と「場所の自己中心的表現」が必要となります。

第一段階　調和的関係の仮設

（一）現在の「場所の自己中心的表現」を得る。

・五感からの入力で創る表現は個の内的な空間と時間によって構成される主観的空間と主観的時間である。

（二）「場所の自己中心的表現」と場所の歴史的表現から「自己の場所中心的表現」を仮説する。
・場所の空間と時間（客観的空間と時間）と個の空間と時間（主観的空間と時間）の整合を取ると共に、場所における自己の位置づけを行う。
（三）場所における自己の位置づけを変化させて、より良い調和的関係になる様な「場所の自己中心的表現」を予測する。これが「調和的関係」を仮設することである。

第二段階 調和的関係の充足
（一）個の性質と個間の関係を変えることで仮設した「調和的関係」という拘束条件を充足する。
・拘束条件を設定して充足する制御法なので、逆問題の解法になる。
・個の評価関数は個間の空間配置と拘束条件との関係で時々刻々変化する。
・個の性質と個間の関係は拘束条件を充足するように循環的に変化する。
・このプロセスが「調和的関係」を充足するプロセスとなる。

第三段階 調和的関係の充足度の評価
（一）予測した「場所の自己中心的表現」が充足されているか否かの判断が意味を生成する。

これらの三段階を循環的に行うことが、生命システムの「認識・制御」であり、生命システムは常に情報を創りながら生きていることになります。このことを情報処理的観点から、もう少し具体的に考察してみます。調和的関係を創るには置かれた環境で「場所の自己中心的表現」を創り「自己の場所中心的表現」を仮設し「場所の自己中心的表現」を予測することが必要となります。そこで情報処理上明らかにしなくてはならないことに、

(一)「場所」とは何であるのか、そして場所はどのように決まるのか
(二)「場所の自己中心的表現」はどのようにして創られるのか
(三)「自己の場所中心的表現」の仮設はどのようにして創られるのか
(四)「場所の自己中心的表現」の予測はどのようにして創られるのか

があります。

「時間」と「空間」の項で述べましたように、私達人間を含めた生体システムは、置かれた環境において、環境からの情報を五感によって受け取ります。その時意味仮設と表象仮設を相互誘導的に合致するように働かせることによって、意味と表象を構成していきます。カントは「認識はアプリオリな総合により成立する。そして個々の経験事象に先立つ五感の解釈メカニズムを持つ。」といっています。これは記憶のあるなしに拘わらず、ノイズかシグナルかが分からない入力から、まず意味を仮置きする、つまり解釈するという実験結果と一致します。カン

トの解釈はまさに私達人間だけではなく、広く生き物に生得的に備わっている機能だと考えて良さそうです。同じように大森正蔵は「認識は理解して意味と経験的事象との重ね書きで成立する。」と記していますが、「二次の見なし情報」を創る際には、記憶を想起させて意味的な重ね書きをすることを示しています。リベットの逆行性遡及実験では意思決定に先立って脳活動が始まることを示しています。つまり、運動や変化の知覚に対する脳神経的な変化は対象物の変化に先立って開始することになります。これらの実験は私達の認識はまず入力から意味を仮設することから始まると考えれば整合性があります。「場所」は環境から新しく入ってきた情報と経験的事象の意味を統合して創られますから、まさに「述語的な場所」を表すことになります。私達は環境からの入力を意味的に統合しながら、同時に表象を創っていると考えられます。具体的には五感を通じて入ってきた情報を意味的に統合する働きを行うところが「場所」で、記憶を想起して意味を重ね書きする歴史的な「場所」でもあります。これで分かりますように、「場所」の境界は五感からの入力が創る意味（述語）によって決まることになります。「場所の自己中心的な表現」はこの意味的な場所を基盤として表象を構成することで創られるのです。これは一種の「述語論理」といえると思われるかも知れませんが、従来の数理論理学で使われているデカルト的純粋数学主観における「述語論理」とは全く性質を異にしますので、注意が必要です。

現代の数理論理学、分析哲学の祖とも言われるフレーゲ（Freiedrich Ludwig Gottlob Frege）は命題論理、述語論理の公理化を図った最初の人であり、特に述語論理の発明者としてもよく知られています。またクリプキ（Saul Aaron Kripke）は様相論理の意味論である、いわゆるクリピキ意味論を体系化したことで知られています。これらの近代的意味論の特徴は、主語に対して意味内容を述べる述語論理学になっていることです。表象は意味へと解釈されるものであるとし、表象とは別に意味領域を設定します。意味領域は量化できる変数（もの）の集合として表します。これで分かりますように、これらは自他分離の二元論の立場で構成されていて、意味は集合内の変数の性質、関係として記述されますので、集合内のすべての意味がすでに決定されている世界での意味論になっています。当然ですが、表象は客観的なものの記述であり、主観が表象を解釈する意味論ですから、生命のない世界の述語論理なのです。そもそも、主体は記述の対象から外されていますから、自己言及する主体はそこにはありませんので、自己言及性もありません。この論理ではすべての意味は神が与えたという形式を取ることになります。

次に、「自己の場所中心的表現」についてですが、人間の場合は相互主観的な意味を共有することでコミュニケーションは成り立ちます。それはコンテクスト共有することを意味します。例えば、N人の集合があったとしますと、相互主観を共有するには共有する意味空間が必要ですから、少なくともコンテクストを共有する（N＋一）番目の意味空間が必要となります。この意味空間から見た自己の表現が「自己の場所中心的表現」の仮設となります。そこで、得られている「場所の自己中心的表現」と「自己の場所中心的表現」の仮設から、調和的関係である「場所の自己中心的表現」を予測することになります。これが目的となる調和的関係を創る方法論になります。これをこれまでの自他分離で創られた「述語論理」と区別する意味で「生命述語論理」と呼ぶことにします。

以上のことを踏まえて、情報生成の計算論を実際に動かすことが必要になります。脳における情報処理を情報生成の立場から、振り返ってみます、感覚器からの入力は脳幹にある間脳・中脳を経由して大脳に送られます。間脳には自律神経の最高中枢があり、視床は聴覚を除く感覚の中継点です。中脳は聴覚の中継点であり、なめらかで多様な運動を可能にする錐体外路性運動系の重要な中継点でもあります。中脳の黒質緻密部はドーパミン作動性ニューロンが多く腹側被蓋野は報酬予測に関連していると言われます。生命維持に関係している呼吸と循環器（心臓）の制御には脳幹の延髄が関与しています。総じて言えば、一次の見なし情報に関連した分野であると言えると思います。

帯状回からの情報を受けた前頭前野は生命システムと環境との空間関係で調和的関係を仮設する領野であると考えられます。環境と調和的関係を創る情報処理過程は、各感覚器からの入力は視床に入り統合されますが、まず意識の状態を決める処理がなされます。それが大脳皮質に入力されるのですが、表現と意味の二種類の情報に分かれて処理がなされます。大脳皮質は情報の表現であり、大脳辺縁系は空間情報とその意味を処理することになります。大脳基底核ネットワークは四つの基本的な「大脳皮質→大脳基底核→視床→大脳皮質」のループ構造をしていますが、それらの機能は必ずしも解明されている訳ではありませんが、次のように推測されます。

(二) 辺縁系ループ：大脳旧皮質と大脳古皮質からなる辺縁皮質で、海馬体（場所記憶）、扁桃体（意味づけとしての情動）、帯状回（行動の動機付け）が関与しています。帯状回は大脳皮質や大脳辺縁系と広く結びついており、現在の状態に関する情報と記憶などを統合して前頭前野に送ることになります。つまり、帯状回は場所の自己中心的な表現と自己の場所地位心的な表現を行っていると考えられます。海馬は場所を表現する領野だと考えられます。海馬で見られるシナップスの長期増強や抑制は空間的意味関係をつくるための重要な機能ですが、長期増強や抑制は細胞環境である情動系と強く結びついています。海馬は単に空間を表現している訳ではなくて、その場所の意味も表現しますが、その場所の意味は扁桃体と協調して作ると思われます。海馬の記憶機能は意味と場所が結びつかなくなれば記憶が獲得できなくなります。場所を個体に写し込み、記憶を用いて想起される歴史的な場所において個体と場所の関係の意味づけを行なうのが海馬です。扁桃体は視床や脳幹から直接五感の入力を受けますので、これらの感覚器の情報を統合して、いわゆる情動（意味）を創って海馬に送っているると考えてよさそうです。

（二）前頭前野系ループ：環境との調和的関係を予測し、その目的に向かって考えや行動を編成する。いわゆる未来の場所の自己中心的表現を予測する役割を行う。この情報を元に目的に沿った行動計画が策定される。

（三）運動系ループ：前頭前野からの入力を受けて運動野（一次運動野・補足運動野・運動前野）で行動に関する逆問題を解く。空間関係を変えることが運動制御である。

（四）眼球運動系ループ：視覚路には新視覚路（形態認識）と旧視覚路（視対象の空間関係の情報を処理）があり、個物の表現と空間情報の処理を行う。眼球運動のうち目的を伴うサッカードは線条体にある尾状核や被核が黒質に対して強く抑制する。上丘への抑制が弱まることで生じる。

脳生理学的には、脳を全体的・統合的に取り扱うことで、各情報処理のプロセスで観測される生理学的データの新しい評価が可能になると思われます。

こうして論理と実際の脳機能が結びつけば、脳科学は適応の科学、述語性科学として発展することが期待できると思います。特に、情報生成の論理を述語性科学の論理として用いることで、情報生成のモデルが出来ますから、その計算論の発展が望まれるところです。

この「生命述語論理」を含めた述語性の科学はまだその緒に就いたばかりだと言えますが、調和的関係の充足といった運動制御に関する研究は技術的にも実用に近いところにあります。それを次に述べたいと思いますが、調和的関係を仮設する方法論は具体的には進んでいる訳ではありません。ただし、現代科学ではなかなか解決できない、コンテクスト度の高い文章理解や、実世界で予測不可能的に変化する環境に対して、新しい目標を時々刻々作らなくてはならない様な問題、いまはやりの自動運転などはこの「生命述語論理」に基づく科学技術が必要であると思います。ただしそれには人間の内面に関係することで、宗教や倫理と密接に関係していることから、慎重に進める必要があるようです。

運動制御は「見なし情報」の充足

生命システムは環境変化に適応するために、運動の目的を作り、その目的を遂行するために運動のための「見なし情報」を作り、それを実行することによって、はじめてその判断や評価が出来ます。この一連の情報処理によって生命システムは初めて認識することが出来ます。この時、運動の制御は無限定な環境と調和的な関係を創るために必要な機能となります。動物が目的を達成するような運動を実世界で作り出すには、その状況で得られる情報のみで適切な運動を作り出さなければなりません。多くの場合は視覚・聴覚・嗅覚と体性感覚からの入力になります。生体システムでは運動関連領野である大脳皮質・大脳基底核・脳幹・中脳・脊髄と感覚器からの入力から、拘束条件を創ることになります。

ベルンシュタイン（Nicholai A. Bernstein）は、著書『デクステリティ 巧みさとその発達』（金子書房）において、恐竜や爬虫類がその座を追われ、哺乳類が天下を取った理由について次のように述べています。「哺乳類は寒さに対する耐性とか体が小さく小回りがきくだとかそういった側面が重要だったのではなく、新たに得た大脳新皮質とその錐体路系が運動生成に優れていたからだ。爬虫類の最高次の神経核は線条体である。線条体は両生類はもっておらず、爬虫類そして鳥類において完成した。その役割は主に重力に対して体幹を維持し、ロコモーション（Locomotion）という定型的な動作の生成に役に立った。それに対し、錐体路系の重要な役割として彼が語っているのは、運動の即興性である。哺乳類は攻撃や狩など一回性の、目標を持った動作のレパートリーをより多く持っている。これらの行為は型にはまった物ではなく状況に応じて変化し、きわめて正確で素早い適応性を示す。これらのことは、唐突に出くわした難局を上手く切り抜けるために学習していない新たな運動の組み合わせを素早くつくり出す能力が向上したことを示している。音楽にたとえるなら、哺乳類は記憶や楽譜に基づいた演奏をすることがどんどん少なくなり、代わりに即興演奏がどんどん増えていったということだ。大脳新皮質の本質的な役割は、学習による定型動作の獲得ではなく、目標を持った運動の一回性の使い捨て動作の実現である。過去の膨大な学習結果は、新規環境・新規タスクに対する即興性のために役立っている。」

運動の状況にあった即興性は「自他非分離」の方法論を取り入れることで可能になります。いわゆる随意運動です。目的を設定し、それを達成する運動が随意運動であり、そのためには拘束条件である「見なし情報」をどのようにして達成するのかが問題となります。現在ロボットなどでは「自他分離」の方法論で制御を行っており、拘束条件として、キネマティクスに基づく軌道計画を行い、その計画を実現するために動力学解析を行いながら、フィードバック・フィードフォワード制御を行うのが一般的です。しかしながら、この方法は環境変化や外乱が起きる度に運動軌道を計算しなおす必要がありますので、無限定環境下でリアルタイムの制御には適していません。生命システムでは、目的位置に目的時間内に到達する場合を考えますと、まず目的位置の「方向」があり、目的の時間内に到達するには拘束条件として「速度」を設定すれば目的が達成されます。そこで、全体目標として手先の速度ベクトルが与えられますと、身体の感覚情報は、環境や身体の状態をリアルタイムに取得します。全関節がこれを満たすように運動を即時的に実行してセンサ信号を得ながら、環境や身体の状態を動き易さとして評価し、関節間で相互作用することで、適切な運動へ修正するリアルタイムの制御法による腕到達運動の制御モデルが可能となります。

随意運動は大脳皮質‐基底核ループが大きな役割を担っています。セントラルパターンジェネレータ（CPG）である脊髄へは大脳皮質からの直接の入力と、脳幹からの入力があります。脳幹へは直接皮質からの入力と基底核を経由した基底核‐脳幹系の入力があります。基底核‐脳幹系は小脳を含めて機能しており、脳幹からの出力は姿勢、筋緊張レベルや運動パターンを決める情報となっています。また、随意運動で重要な役割をする視覚情報は一次運動野・前運動野や小脳へ入力されています。各領野ではこれらの入力を用いて拘束条件を創りますが、その機構は生理学的に明らかにされているわけではありません。従って、これまで分かっている知見から推測せざるを得ません。前頭前野や大脳皮質は運動の開始や停止、または障害物を避ける際に、目標に向かったり、方向を変えたりする際に大きく活動する事が知られています。しかし、姿勢反射や筋緊張の調節には大脳皮質の関与は少ないのです。リーチング課題において、方向の情報が前運動野・第一次運動野で作られているという報告があります。また、小脳からの出力は運動の速度をコードしていることが知られています。これらを考慮すれば、大脳皮質で作られる随意運動の拘束条件は方向であり、脳幹からの出力は姿勢を含むバランス拘束と運動パターンを結果的に生成する速度拘束のための、筋緊張に関する情報と速度情報であると考えることができます。また、大脳皮質‐基底核ループは基底核の出力核から視床を介して皮質領域に戻るループであり、これには運動野、前頭前野、辺縁系などが関与しています。

これらのことを総合してみますと、生体システムが仮設する「みなし情報」は随意運動制御に必要な最上位の拘束条件となり、それにより運動目的が設定されます。運動目的を実現する各階層構造内で必要となる拘束条件は、仮設された「みなし情報」に依存して決定されます。これら「拘束条件生成充足機構」は大脳皮質運動領野を中心として小脳や基底核などを含む階層構造によって実現されていると考えられます。さらに、環境及びシステムの状態の予測不可能的変化に対応するためには、「見なし情報」を環境との相互作用から時々刻々生成し、それをリアルタイムで充足する必要があります。これらの過程こそが、随意運動を実行するために運動制御系すなわち大脳皮質運動関連領野に求められる計算論的課題となります。

動き易さ指標による腕到達運動

生物は予測不可能に変化する実環境で、リアルタイムに適切な運動を作りながら目的を達成できます。この適応的運動生成を可能とする制御スキームは未だ明らかではありません。身体の感覚情報は、環境や身体の状態をリアルタイムに反映します。そこで、私達は全体目標として手先の速度ベクトルが与えられると、全関節がこれを満たすように運動を即時的に実行し

図4

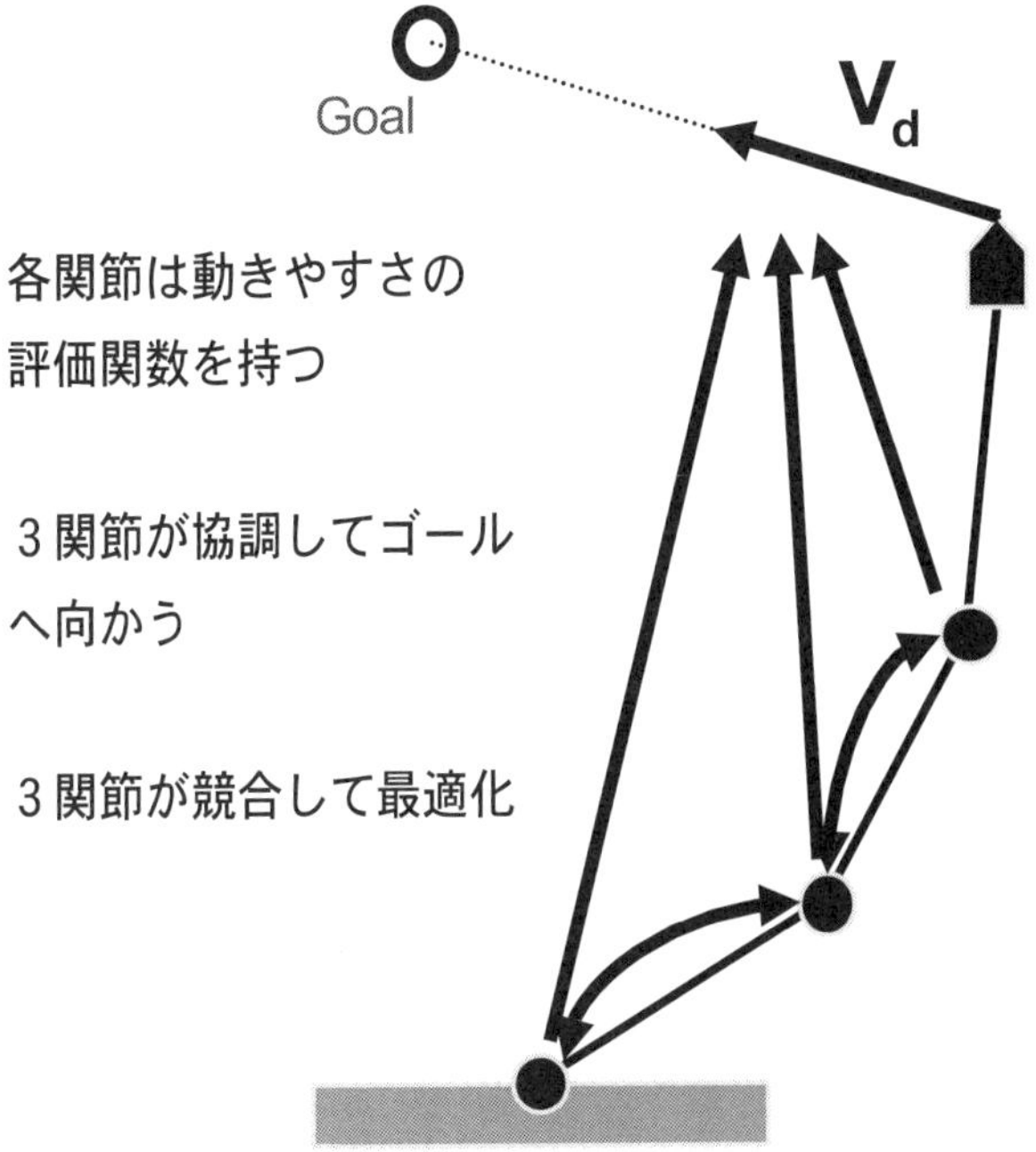
Goal
V_d
各関節は動きやすさの
評価関数を持つ
3関節が協調してゴール
へ向かう
3関節が競合して最適化

てセンサ信号を得ながら、環境や身体の状態を動き易さとして評価し、関節間で相互作用することで適切な運動へ修正するリアルタイムの制御スキームを提案し、腕到達運動の制御を行っています。生物の運動は、その運動学的な特徴（手先軌道・関節軌道）も、動力学的な特徴（関節トルク軌道）も共に滑らかになる傾向があることは良く知られています。本モデルでは、運動学的な感覚情報から、関節の運動学的・動力学的動き易さをリアルタイムに取得し、これに基づいて、より動き易い関節が優先して働くメカニズムを導入します。これは各関節が機構的な特徴を取り込んだ動きやすさという自己評価関数を時々刻々取得して、それにしたがって制御する方法です。各関節は手先の目標に向かって、協調的に動くと共に、動きやすい関節が優先的に動くという競合関係を導入した結果として得られる運動は、逆問題を解く一つの方法であり、運動学的・動力学的に無理のない滑らかなものとなります。

身体の自由度が増加すると、理論上は同じ目的であっても様々な運動で実現することができるようになります。その結果、環境変化に対する適応性は増加します。しかし、従来の「自他分離の方法論では、非線形の多自由度系では適切に制御し、適切な機能を発現させることは非常に難しい課題となり、リアルタイムで解くことは不可能なのです。生命システムのように非線形の多自由度系では、身体の自由度に関係なく容易に制御は対応できるものでなくてはなりません。我々の開発した方法は自律分散的な、サイズフリーの方法なので、自由度に関

図5
自律分散的な制御モデルの適応機能

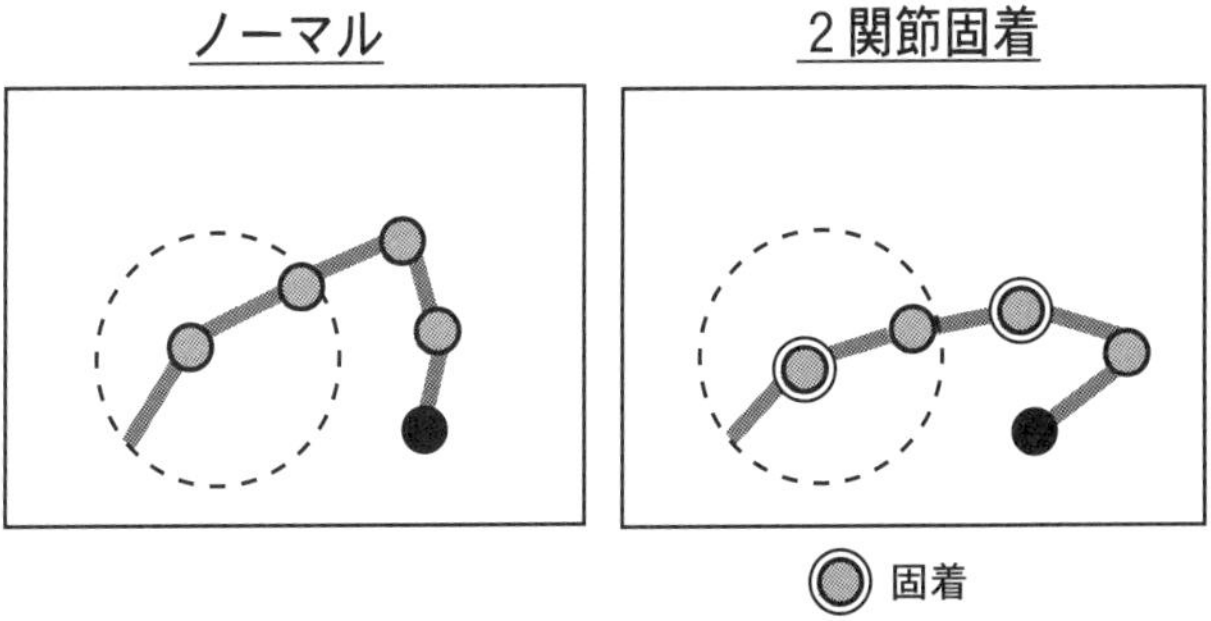

5関節のリンクが円周上を廻るタスクを行っているときに
突然3番目と5番目が固着して回転できなくなったとする。

残ったリンクが目的を達成するように協調とし、さらに最適に
動くように競合をすることで、制御プログラムを書き換えること
なしに即興的の適応し、そのまま回転が続けられる。

状況に応じて柔軟に適応する機能を発揮することができる
実環境ではこのように即興的に運動を創発できなければ、
ヒトと共存できるロボットとはなりえない

係なくリアルタイムで制御が可能になっています。例えば、上肢到達運動では自由度（関節）毎に自律分散的に自己の動き易さを評価することで、状況依存的に目的が達成できる方法となっています。これを示すために、ここでは関節数を五に増やしました。五関節の腕に対し目標手先速度ベクトルを回転場で与え、かつ全ての関節が通常の運動が可能であるノーマルの条件での運動を確かめた後、基部から三、五番目の関節の粘性が運動中に突然増加して動かなく

なるという故障が発生した時の適応性を調べました。運動学的情報に基づく「動き易さ指標」は運動実行中にリアルタイムに生成される拘束条件なので、ターゲット位置の変化、身体の構造的変化、故障に対して、柔軟な補償作用が示されています。これは従来手法に無い大きな利点です。

多関節上肢到達運動におけるベルンシュタイン（Bernstein）問題は、次の二つの変換問題となることは広く知られています。

（一）手先の目標位置から手先変位への変換

（二）手先変位から関節変位への変換

腕には冗長性があるため、これらの変換は解が一意に定まらず不良設定性があります。そこで、様々な変換方法が提案されてきました。ウィットニー（D.E. Whitney）は、ヤコビアンの擬似逆行列を重み付けして解くことで、同じ手先の動きを、異なる関節の変位で実現する手法を提案し、変換（二）を実現しました。有本等は、手先と目標位置を結ぶある剛性係数を持った仮想的なバネと、関節粘性を仮定し、バネ力をヤコビアンの転置行列によって各関節に自然に配分する方法を提案し、変換（一）（二）を解消するとともに、これを感覚フィードバックと呼びました。これらの方法は、一つの制御器が全関節のパラメータ（例えば、重み、剛性、関節粘性）を設定し、変換行列（例えば、ヤコビアン擬似逆行列、転置ヤコビアン）を計算すること

図6

■可変ヤコビアンの各行列はセンサ情報から計算

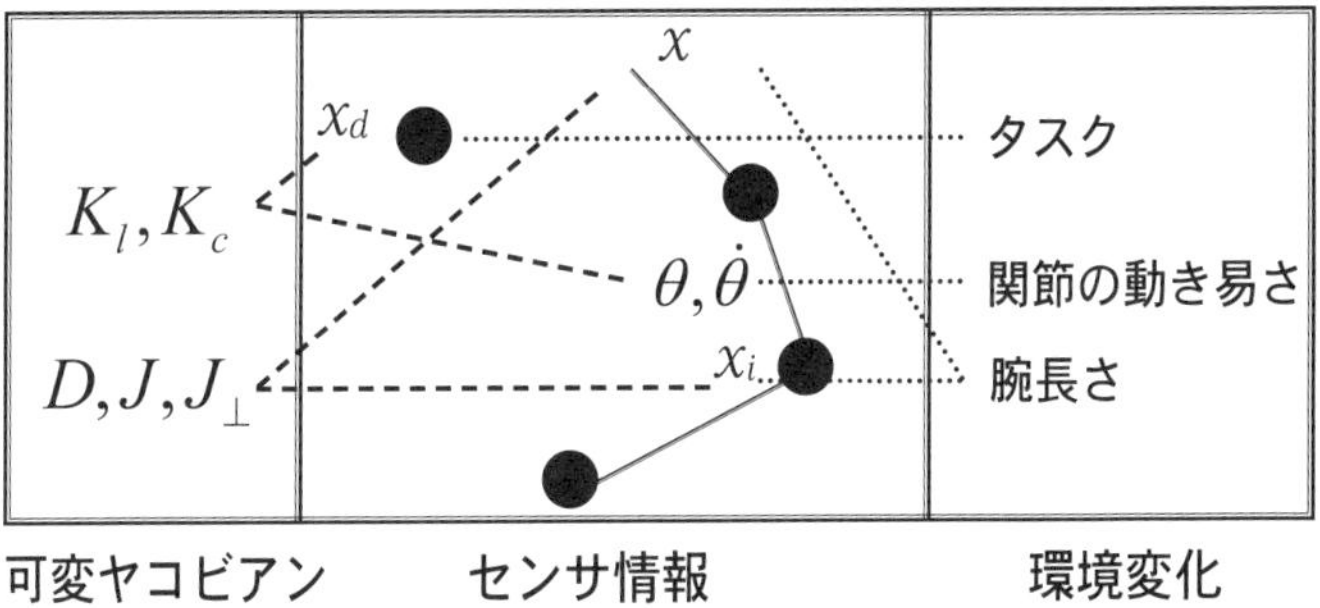

■可変ヤコビアンの各行列はセンサ情報から計算
■可変ヤコビアンは関節の動き易さにより変形し，2つの相反するモード（粗い，厳密）間を連続的に遷移する機能を持つ行列

で、制御指令を決定するため、集中制御的なアプローチととらえられます。このタイプの制御器は、その特徴を数理的に解析しようとする上では極めて強力である一方、変換行列自体の計算量は自由度の増大に伴い大きくなるという問題があります。またパラメータを、環境が変化した場合にどのように、実時間かつ自律的に計算できるかは大きな課題となっていました。

これらの方法に対してここで提案している我々の方法を数学的に解析した結果、本制御方法は手先位置と目標位置間のフィードバックをヤコビアンの転置で配分するという構造を持ち、さらにヤコビアン自体を実時間で変更させる機能が含まれていることが分かりました。この機能は、パラメータを直接的に調整することでは対応の難しい環境変化（関節の動きにくさ、故障等）が起こった場合に、制御性能を維持する上で有効な手法です。つまり、本制御モデルは関節個々の制御器の自律分散的な相互作用を通して、変換行列を環境適応的に作り出しながら、結果的にベルンシュタイン問題を巧みに解いていることを示しています。このアプローチをとることで、これまでの制御器を包含し、かつそこに含まれる決定すべきパラメータや変換行列を自律的に調整する環境適応性の高い制御器がさらに生まれると思われます。

述語性の科学：制御におけるパラダイムシフト

「生きていること」は生命システムが「無限定な環境と調和的な関係を自律的に創りだすこと」であり、生命システムの認識機能や運動機能は環境との調和的関係を作り出すための機能と言えます。調和的関係を創るためにはシステムは「自ら制御する情報を自ら創る」ことが必要となります。この自律性は生命システムの世界と物質世界とを明確に区別する性質で、前述しましたように物質世界を対象に発見された法則ではこの自律性は記述出来ません。生命システムは自ら秩序を創っていきますから、生命システムも広い意味では自己組織系であると言うことが出来ます。しかしながら、物理世界、すなわち物質世界での自己組織と生命システムの自己組織は本質的な違いがあります。物質世界でいう自己組織系の自己は生命システムの自己とは異なり、そこで言う自己は単に物質からなる系の意味に過ぎませんので、当然ながら自律性は含みようがありません。

自他分離の方法論から生まれた物質科学は、一意的な世界の法則性を求めてきました。すなわち因果律です。そこで解けるのは良設定問題です。つまり、システムと環境に関する完全な情報が必要となります。時間は単なるパラメータであり、環境に関する情報も完全に得られることが必要です。現在のロボットは物質科学の論理で制御されていますので、環境が予めモデル化されていることが必要になっています。少なくとも環境に関する情報が、得られるか又は与えられていなければなりません。環境が変わればその環境に合わせてパラメータチューニングが必要となります。机を運ぼうとするロボットは予め机の重量も分かっていなくては運ぶことは出来ません。二〇〇五年に愛知の万国博覧会でロボットを集めたデモンストレーションがありましたが、毎日多くのロボットがステージの上でデモンストレーションを行いますのでステージの床のフェルトがすり減って摩擦が最初に想定した値より小さくなっていきます。そうするとロボットはうまく対応できませんので、転んだりしてパフォーマンスが落ちてしまっていました。想定した値と現実の値に食い違いがあったときに、それを吸収する術を持っていないためです。これが決められたステージでさえもこんなことが起きるのですから、実際の日常的な環境で起きる変化はとてもこんなものではありません。もっとわかりやすい例として砂

図7

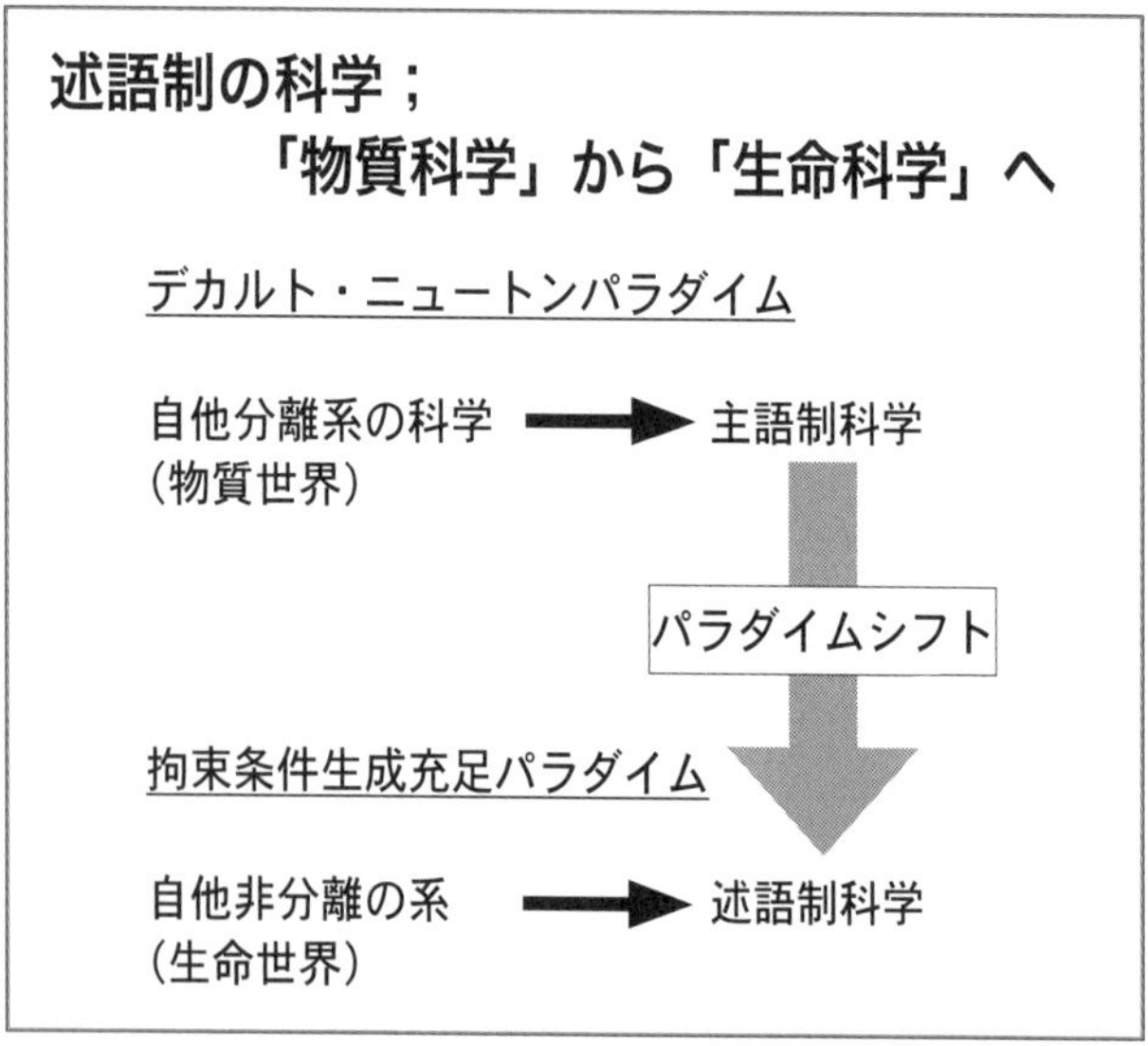

浜を歩く場合を考えてみましょう。砂浜を歩く場合、砂浜の形状や物性は歩く上できわめて大きな影響があります。しかし歩く前に砂浜の形状や体積の度合い、砂の硬度・粒度などを予め正確に知ることは人間の五感だけでは不可能です。もし、知ろうとすれば様々な計測機器を使って計測しなければなりませんが、そのためには膨大な作業と時間が必要となります。とても実世界で歩く時に使える方法ではありません。やっかいなことに、砂浜は風などの影響で時々刻々変化しますが、その変化を予測することもできません。つまり、生命システムが予め環境に関する完全な情報を得ようとしてもこのような予測限界、観測限界が存在する

ために不可能なのです。

生命システムは完全な情報が無くても砂浜を歩くことが出来ます。そのためには生命システムは今入っている情報と記憶といわれる経験情報だけで、環境と調和的な関係を創らなければなりません。物質世界の論理では、予測限界、観測限界が存在するような場合は情報が足りませんので不良設定問題になります。この論理では調和的関係を創ることは出来ません。つまり、生命システムは現在得られる情報だけで、適応することを行なわざるを得ません。無い物ねだりはしないし、出来ないということでもありますので、物質世界の論理を超えた生命の論理があるということになります。人工物であれば、物理法則を使って運動方程式を立てて解くことになりますが、生体システムでは自己の身体が持つセンサ入力と自己評価関数だけで目的を達成します。両者を比較検討してみますと、生体システムは物理変数を制御しているのではなくて、システムを構成する筋肉、関節などの要素の自己評価関数をつかって、要素と全体の関係、要素間の関係を述語的に統合しながら最適化するように決めることで目的を達成していることが分かります。まさにこれは「自他非分離系の科学」なので、「自他分離系の科学」が「主語性の科学」になっているのに対して「述語性の科学」といえる表現になっています。これはリアルタイムに多様性を生じるメカニズムですから、制御分野における科学のパラダイムシフトになっています。サイバネティックスを創ったウィーナーは「二十世紀は通信と制御の世紀」

だと言いましたが、無限定環境における制御を可能にする述語性の科学に基づく制御は、フィードバック制御から自律制御への移行を意味します。これは無限定環境における制御を可能にする大きなパラダイムシフトになりますから、「二十一世紀は無限定テクノロジーの世紀」だと言って良いかも知れません。

III　系統発生的に見た生物の適応戦略

真正粘菌体の場合

　生きることは環境と調和的関係を創ることであると言いましたが、そのためには生き物は良い調和的関係が作れるように空間を移動します。それは単細胞生物から高等生物に至るまで、環境変化を関知する感覚入力から個体にとって調和的な関係が作れるような環境を求める情報処理をして移動します。動物の種によって当然情報処理様式は異なっていますが、基本的には同じだと言えます。例えば、単細胞生物であるゾウリムシは一見ランダムな運動をしているように見えますが、エサを求める化学走性や生存に適した温度環境を求める走温性を示します。その動きに対して統計的な処理をしますと、エサがあるとか生存に適した温度を中心に存在する確率が高い分布をします。同じ単細胞でも多核の単細胞である真正粘菌変形体は数平方メートルにも広がることが出来ますから、同じ個体でも場所によって環境は変わります。真正粘菌変形体は各部分からの情報を統合して、良い環境の方に移動します。真正粘菌変形体は、通常進行方向の先端は扇形をして移動しますので、その先端をファンといいます。いま、ファンを右の方に伸ばしながら移動しているところに、その上方にエサであるオートミールを新たに与えると、真正粘菌変形体は移動方向を変えて、与えた新しいオートミールの方に移動します。そして飢餓状態になれば新しいエサを探しにファンを広げて行きます。ファンのどこに新しいエサが来るのかは分かりませんし、同時に複数の異なるエサに出会うこともありますが、その場合でも変形体は個体として最適な方向へまとまった行動を取ることが出来ます。そこで行われている情報の統合は変形体の内部の原形質の流動が担っています。真正粘菌変形体のファンは網目構造をしていますが、その網目は毛細血管のような管になっていて、管の中をゾル状の原形質が往復流動しています。このゾル状の原形質の往復流動が情報処理を担っていて、網目構造は非線形の振動子からなっていて常に振動をしています。正弦波の様に固有振動数があって、重ね合わせが出来るような振動は線形振動と言いますが、非線形振動子は固有振動数を持たなくて、非線形振動子が相互作用しますと振動子の振動数も変化しますし、相互作用する前の振動数とは異なる振動数で引き込んで振動することも起きることもあります。真正粘菌変形体の情報処理をモデル化して説明しましょう。非線形振動子からなる真正粘菌変形体の網目構造は、高等動物の神経回路網と非常によく似た働きをします。情報処理は網目構造で担われますから、網目の管を取り出して説明します。管を構成する物質は、基本的には同じですが、管を構成するのはゲル状の外質と、管の内部を流れるはゾル状の原形質である内質からなります。外質と内質はそれぞれ振動していますから、構成する各部分は振動子とみなせますから、内質も外質も連結した振動子からなるとみなすことが出来ます。さらに外質はセンサを持っており、外部環境の変化を探知するとともに外質同士の短距離の相互作用をしますし、内質は流動しますから、長距離の相互作用をすることが出来ます。エサなどの誘引物質が来れば外質の振動数は上昇し、有害な忌避物質が来れば振動数は低下します。この振動の変化は物質によって決まるのではなく、同じ誘引物質でも濃度変化が好ましい方向に変動すれば振動数が上がりますし、悪化する場合は振動数は下がることになります。これは忌避物質でも同じことが言えます。したがって、好ましいエサがあった場合は、まずその部分のセンサが感知して、外質の振動数が上昇します。真正粘菌変形体の非線形振動子が相互作用をしますと、内質の振動子は周りの振動数が最も高い振動子に引き込まれ、全体として振動数が同じになりますが、位相勾配が発生します。位相は振動数が最も高い振動子が、最も進んだ状態になります。詳しい説明はしませんが、真正粘菌変形体は全体として、振動の位相が進んだ方向に移動します。つまり、エサのある好ましい環境に向かって移動することが出来るのです。この現象は非線形振動が情報の処理を担っており、その伝達速度は実際の原形質の往復運動で物質が輸送される速度の十倍の早さになります。またこの振動子は神経細胞と基本的には同じような性質を持っていますので、神経細胞は情報処理のためにこの振動子が分化した細胞だと見ることができます。つまり、真正粘菌体の振動子は神経細胞に分化する前の原始的な形態であると見なすことも出来ます。

情報処理的にこの走性という現象を見てみます。個体表面にある感覚器が感覚器の種類毎に異なったシグナルを受け取ります。個体の行動が高等動物の筋肉と同様に細胞内のカルシウムのパターンによって引き起こされるとすれば、これらの感覚器からの刺激は最終的には適応行動を発現するカルシウムのパターンとして表現されることになります。適応行動は個体と環境との関係で決まりますから、各感覚器からの刺激は細胞の内部状態に応じて決められる行動誘発の重み（価値）が存在していると考えられます。最終的にはこれらの重みを統合して行動がきまることになります。統合という意味ではセカンドメッセンジャーとしてのカルシウムは重要だと思われますが、細胞種によってこの制御のメカニズムは異なっていると思われます。真正粘菌の場合は誘引物質又は忌避物質によって細胞内にカルシウム振動が伝えられて、その振動を統合することで行動が決まっているようです。そうしますと最終的に決定されるカルシウムパターンは適応行動を意味しますから、これは「場所の自己中心的な表現」ということが出来ます。情報には記号的側面と意味的側面がありますが、この場合は適応行動と密接に結びついた表現ですから、意味的な情報表現と考えて良いと思います。記憶に特化した中枢神経回路網がない散在神経系動物までは、情報の表現と意味が未分化の状態だと思われます。いずれにしても、真正粘菌変形体は常に部分と全体との空間関係性を取りながら、全体として行動することが出来る仕組みを持っていることが分かります。

情報処理に特化した器官　―脳の発生―

多細胞生物になりますと、細胞一個でセンサ、情報処理、アクチュエータを兼ねることが難しくなりますので、情報処理のための器官が発達してきます。いわゆる神経細胞の発生です。そしてそこでも感覚ニューロンと運動ニューロンの分離が起きてきます。最初の神経系はクラゲなどの分散神経系ですが、クラゲの場合は基本的に浮き沈みといった上下の運動が基本です。横方向にも動くことはしますが、その体型からして不得意で、海流に身を任せることで移動します。これがシリンダーを横にした形態を取るようになりますと、個体の移動に関して前後関係が発生します。そうしますと前の方が圧倒的に新しい状況に出会いますから個体の前部には感覚器が形成されるようになり、後部は運動系が形成されるようになります。このように前後が分極しますと情報の伝達が問題となってきますので、進化をして情報処理にために分化した器官である神経中枢系が発生します。さらに進化して、神経回路網からなる脳が形成され、記憶を持つようになりますと、この情報処理は重層的かつ多面的になります。脳は感覚器からの入力を処理できるように特化した器官であると言うことが出来ます。魚類からヒトに至る脳の進化はその大きさを形態的に比較することで理解できます。

魚類より下等な動物である軟体動物も同じように記憶機能を有しています。これらの動物はどれも脳の構造は基本的には同じですが、進化の程度により、階層性が増えると共に、情報処理の複雑さも増大します。しかしながらこれらの脳は大きく分けると二つに分けられます。感覚器からの情報を統合し、環境と適応する役割を担っているのが脳幹です。脳幹は間脳から延髄までを指しますが、特に中脳にあるドーパミン細胞、セロトニン細胞、コリン細胞など情動を働かせる細胞群の活動は脳幹網様体活動を調節し、その脳幹網様体は覚醒・運動・感覚の制御を行ったり、呼吸のリズム形成や循環器の統制を行ったりする機能を持っています。これらは反射や生命の維持をつかさどるために生存脳といわれますが、この活動を踏まえた上で大脳皮質は働きますので、脳幹は大脳皮質の司令塔であるとも言えます。また脳幹は系統発生学的には古い基礎的神経構造で、下等動物では中枢神経系の中軸となっています。生存脳は環境と生命システムとの空間関係性を取るところで、生存に関する生命システムの内部状態を統合すると共に、環境との意味的な関係をとる部位でもあります。

陸生の軟体動物の場合

両者の関係を示すために陸生の軟体動物における感覚情報が、脳内で時空間的に処理される様子を観測してみました。脳は一つの器官ですから、脳の情報処理機構を探るには、脳全体を部分である神経細胞の活動が分かる時空間分解能で同時に観測する必要があります。高等動物の脳は大きすぎて、脳全体を部分である神経細胞の活動が分かる分解能で同時に観測することは困難です。その点、ナメクジの脳は数十万の神経細胞からできており、この困難さはありません。しかも記憶を使った情報処理行っていますので、脳の基本的な機能は備わっていると考えることが出来ます。

ナメクジの感覚器はもっぱら嗅覚によって環境を探索し、視覚や聴覚は発達していません。ナメクジの脳である脳神経節は三つの葉に分けられ、記憶を司る前脳葉、脳幹に当たる部分の中脳葉、後脳葉からなります。もともと脳は新しい経験をする感覚器官からの入力を処理する器官として発達してきましたが、その中でも記憶機能は効率よく餌を探すために獲得されたといわれています。したがって嗅覚の情報処理機能は軟体動物から哺乳類にいたるまで、嗅覚の一般的な性質は基本的には同じであることが明らかにされています。ゲルペリン(Gelperim)は陸生の軟体動物であるナメクジが餌の匂いと味を連合学習することを示しました。条件刺激としてある餌A（人参としましょう）の匂いを与え、次に無条件刺激として苦み物質であるキニジンを与えると、餌Aに対する嗜好性が著しく低下しますが、これは一回試みただけでも成立します。また別の餌B（キュウリとしましょう）の匂いを与えた後、一次条件付けで嗜好性の低下した餌Ａを無条件刺激として与えますと二つの餌の嗜好性が著しく低下する連合学習が成立します（二次条件付け）。また最初に餌Ａの匂いで条件付けしたあと、学習した餌Ａと学習していない餌Ｂとの混合物餌Ａ ＋ 餌Ｂで条件付けをして、無条件刺激であるキニジンを与えても餌Ｂを嫌いになることはありませんから、餌Ｂに対する学習は成立しないことになります。いわゆるブロッキングといわれる現象です。あるいは餌Ａの匂いの後に続けて餌Ｂの匂いを与えて条件付けをした後、餌Ｂの匂いを与えて無条件刺激を与えると餌Ａも餌Ｂも嗜好性が低下するという感性的予備条件付けという学習も可能です。これらの現象は古典的条件付けと呼ばれており、陸生の軟体動物ナメクジのように数十万程度の神経細胞からなる脳神経節でも脊椎動物と同じような学習が出来ることを示しています。これらの条件付けにより成立した記憶は学習した匂いを与えた後、冷却することによって記憶を消去できるという逆行性健忘を生じさせることが出来ます。この逆行性健忘は人間でも頭を強く打ったり一酸化炭素中毒になったり、電気ショックなどでも起きます。ナメクジの場合は、急速に冷却するという比較的簡単な方法でも起き、それは想起されている記憶に特異的に起きますから、ナメクジの場合は記憶の状態（記憶間の関係性）を調べることができるという利点を持っています。

ここでは一次の条件付け、二次条件付け、あるいは感性的予備条件付けをされたいずれのナメクジは餌Ａでも餌Ｂの匂いを与えても同じように忌避行動をするようになります。これらの条件付けをしたナメクジに対して、餌A又は餌Bを与えて冷却することで逆行性健忘を起こさせると、条件付けの手続きが異なれば忘れ方が異なってきます。一次の条件付けの場合は各々独立に経験をさせていますから、二つの記憶に関連はありませんから、逆行性健忘を起こさせると、個々の記憶は独立事象として別々に忘れられます。

しかしながら、これらの学習を統一的に説明する学習則は発見されていません。学習則として提案されているのは学習の一部を説明するレスコーラ・ワグナー則（Rescorla - Wagner）とその変形則くらいです。これは工学的にも強化学習として使われており、条件刺激と無条件刺激との連合の程度の変化則です。この変化則の適用は一次条件付けに限られていて、上記の二次条件付けや感性的予備条件付けを説明できません。すなわち報酬条件付けであれ、忌避条件付けであれ刺激 - 反応間の連合のみで学習が成立するという考えでは、生命システムの持つ高度の記憶機能を論じるには不十分であるということです。

記憶機能の中心となる意味付けは身体を含めて生命システム全体を通して行われます。特に認識を行う場合には脳が全体として機能していることになりますので、脳神経節全体の活動を同時に観測する必要があります。そのためナメクジの脳神経節全体を同時に観測する光学的に神経活動を観測すると、大小二つの触角からの入力でも、舌を通じた味覚入力でも最初に活動が生じるのは後脳葉です。これはドーパミン、セロトニン、FMRF などを伝達物質とする神経回路網の部位で、動物一般を通じて、情動等の情報の意味付けを行う場です。つまり、嗅覚であれ味覚であれ入力情報の全体的な意味付けを行うことからまず始まります。この意味付けの場が決まると、それに対応して記憶の座であるといわれる前脳葉においてLFP（Local field potential）振動が見られます。後脳葉と前脳葉の活動の時間差は約五十ミリ秒であり、前脳葉での振動は報酬刺激だと振動が速くなり、忌避刺激だと振動が遅くなります。記憶の痕跡は前脳葉の細胞体層において形成されます。その位置関係は報酬物質であれば背側に忌避物質であれば腹側に作られます。匂いの情報は一対の大触角と一対の小触角から入力されます。大触角からの入力は生得的な意味づけと、匂い源の方向定位に用いられ、小触角からの入力は記憶の想起に用いられます。もちろん記憶を獲得する際は両者の一致が必要であるとともに、その価値づけを行う味覚の入力が同時に行われることが必要条件になっています。すなわち、まず意味づけの場が決定され、その上で刺激感の関係が創られ、それを記憶として記銘されることになります。

哺乳動物の場合

より高次の哺乳動物の場合を見てみましょう。まず動物は自分がいるところの意味空間を創ることになります。きょろきょろしたり、動き回りしたりすることで得られる時間情報を意味空間である空間情報に変換します、海馬は一般に空間記憶と深く関係していると言われていますが、今いる空間の場所を規定していると考えることが出来ます。例えば、ある限られた空間にネズミを入れておくと、海馬の中の神経細胞はネズミがある特定の場所に位置した時に発火します。また、迷路学習課題では、ネズミは出発点から餌が置いている経路を学習することができます。いったんこの迷路を学習した後に、同じ構造をした迷路をつないで空間を二倍にします。つまり一つ目の迷路の出口を二つ目の迷路の入り口に合わせます。ネズミはすでに先の迷路を学習していますから二つ目の迷路を簡単に解くことができるように思われますが、実は一つ目の迷路を学習しているにもかかわらず、それをご破算にしてしまって、初めて出会う空間と同じように初めから探索を始めます。したがって、海馬は環境が変われば、新しい空間を構築すると考えてよさそうです。その時その場所の意味は扁桃体と協調して作ると思われます。空間は単なるパラメータとしての空間ではなくて、生き物にとって意味のある空間になっていると考えられます。扁桃体は視床や脳幹から直接五感の入力を受けますので、これらの感覚器の情報を統合していわゆる情動を創って海馬に送っていると考えてよさそうです。海馬で見られるシナップスの長期増強や抑制は空間的関係をつくるための重要な機能であるといえます。海馬の機能が損なわれると記憶の獲得が出来なくなるということも、空間関係は意味を持っていますので、その意味と場所が結びつかなくなれば記憶が獲得できないと考えることができます。帯状回は大脳皮質や大脳辺縁系と広く結びついており、現在の状態に関する情報と記憶などを統合して前頭前野に送ることになります。帯状回からの情報を受けた前頭前野は生命システムと環境との空間関係で調和的関係を仮設する領野であると考えることができます。こうしてつくられた仮設(みなし情報)はそれを達成すべく生命システムの運動を生起させることになります。運動野における情報処理はまずは空間情報を時間情報に変える必要があります。補足運動野は運動パターンの順序であるとすれば、そこでは空間情報を時間情報に変換していることになります。第一次運動野からの出力は小脳に送られて、小脳では脳幹を通じて空間情報を時間情報に変換して脊髄に送ることになります。脊髄における速度指令は CPG に対する速度指令であるといえます。速度ベクトルを拘束条件としてセントラルパターンジェネレータ(CPG)は、各関節を構成している関節の運動のパターンを基にして、筋肉を動かす時間パターンを作りだすことになります。したがって、脳における情報処理は空間情報と時間情報を次々に変換しながら、個体が調和的関係を創るために目的を作り出し、目的を達成できるように空間情報から時間情報へ変換しながら最終的には個体の各関節、筋肉レベルの動かし方を決定していくことになります。空間情報がセマンティックなものであることは素直に受け入れることができると思いますが、時間情報もまた空間のセマンティック情報を処理するために必然的にセマンティックにならざるを得ません。したがって、生命システムは空間情報や時間情報をセマンティック情報として処理することになり、両者を相互に変換しながらこの操作を繰り返しで無限定環境へ適応することが行われることになります。

認識が刺激と報酬の関係付けによる一種のマッチングとは本質的に異なります。環境は予測不可能的に変化するので、入力が入っている情報と同じとは限らないし、情報間の関係をつける論理が必要となります。不完全あるいは曖昧な情報から、認識しようとする情報の分節化と意味付けを含んだ推論を行う必要が出てきます。いわゆる「仮止めする情報」を作らなくてはなりません。これを「見なし情報」と言います。

Ⅳ　述語性の科学　―適応の脳科学―

認知脳科学

これらの情報処理のために特に分化した器官が脳であると考えることが出来ます。脳の情報処理に関する学問が脳科学といえます。脳科学はもともと認知神経科学を称して使われていましたが、現在では脳が関連するすべての学問領域に対する呼称として使われるようになっています。とは言え、ここではこれまでヒトを含む脳の知的活動を情報処理の観点から研究してきた分野に限って整理してみましょう。特に最近は脳の活動を非侵襲的に測定する機能的NMRを始めとするいくつかの方法が急速に進歩しましたから、神経活動と心理現象、つまり心理学と生理学を結びつけて研究することが可能になってきたこともあって、この分野の研究が大きく展開されています。

神経科学では脳の解剖図にあるように担う情報の種類によって領野に分けています。この機能局在論的な研究はブローカが十九世紀後半に左前頭葉に損傷を受けた患者が言葉は理解できるが発話が出来ないことを発見しました。そのためにこの領野をブローカ野と言います。ウェルニッケは左頭頂葉と側頭葉の境界付近に損傷を受けた患者が発話は出来るが言語の理解が出来ないことを発見しましたので、この領野をウェルニッケ野といいますように、機能が局在していることが明らかされました。二十世紀初頭にはドイツのブロードマンはいわゆるブロードマンの脳地図と呼ばれる脳を組織学的に区別した領域図を作成しました。この各領野を自己充足的な実体とみなして、個々の実体固有の性質を明らかにすることや、変化の法則性を発見することは大変重要なことです。しかしながら脳は他の生体の器官と同じように、脳全体で一つの器官ですから、領野ごとに切り取ってその状態を明らかにしようとしても、領野が自己充足的な実体ではないことから不可能なのです。そのために脳の生きている状態の研究は大変困難になっています。

現在の研究の多くは生命個体を統制した状態に拘束し、刺激（原因）を与えて、その反応（結果）を観測する手段を用いています。この方法論は二十世紀のはじめにワトソンが提唱した行動主義といわれています。行動主義はすべての行動は反射であるとして、行動を観察するだけで原因と結果を結ぶ法則性が分かるという立場です。行動主義の特徴は行動の研究が科学的であるという立場をとりますので、精神的なものは排除することになります。あくまでも客観主義に徹する立場を堅持し、行動の機能的側面を明らかにしようとする方法論なのです。その後、行動主義では行動する主体の心的過程は明らかにならないとして、ハルやトールマンなどは心的過程を考慮した現在の認知科学につながる新行動主義を唱えました。認知のメカニズムを情報処理の観点から明らかにしていこうとする認知科学が発展することになります。この意味でこれまでの脳科学は認知脳科学と呼ぶことが出来ます。

しかし、この認知脳科学の研究もデカルトの二元論、すなわち自然科学の方法論に依拠しています。デカルトは心身二元論として、心と身体は独立して存在する実体であるとします。つまり、身体は物理量として測定することが出来ますが、心は測定することが出来ませんので両者は根本的に異なる存在であるとしています。これに対して自他分離の方法論に基づいた心身一元論的考えもあります。心身は独立な存在であることを認めない立場で、最も強烈なのは物理主義的な心身一元論です。これは物理学によってのみ心の問題も解明できるという立場になります。これは心の問題は生理学的な過程なので、自然科学の論理で説明できるという、いわゆる要素還元論です。

いずれにせよ、現在の認知科学の方法論はあくまでも物質世界で展開された方法論に影響を受けていて、脳の情報処理のメカニズムを明らかにすることに重点が置かれています。科学的であることは再現性を要求しますので、実験条件を一定にする必要があります。実験条件を一定にした上で、情報処理を行っている最中の神経回路網の活動を様々な手段で観測します。アウトプットはその時の行動ですから、行動を観測します。行動を観測することで認知しているかどうかが分かりますから、神経活動と行動の関係、すなわち、原因と結果を結ぶ法則性や機構が明らかになるとして研究を行っています。つまり、脳は入力してきた感覚情報を処理するシステムであるという立場が現在の脳科学の主流なのです。先程述べましたように、複雑な生命システムの内部状態を統制することは大変困難なことと、種差や個体差もあります。経験したことでその後の反応も異なってきます。情報処理様式をこれらの違いを超えて明らかにするためには、心理過程と神経科学を結びつけるための適切な仮設あるいはモデルが必要となります。脳内の情報処理プロセスに関する知見を集めて情報処理のメカニズムを明らかにしようとする方法論は、これまでの科学の方法論からすれば当然だと思われます。しかし、脳の複雑さから見れば、これまでの方法論を続ける限りは、生命システムの情報原理が明らかになるまでには相当な時間と作業が必要だと思われます。例えが良いかどうかは分かりませんが、スーパーコンピュータにあるタスクを実行させます。その時スーパーコンピュータの一つのICチップの活動を観測することで、どのようなソフトが動いているのかを明らかにするのと同じくらい困難なことかも知れません。

現在は認知科学は脳科学をはじめ神経生理学、神経心理学、情報学などを関連づけながら展開されています。いずれも一定環境したで研究を行う場合は、対象化という操作を行いますので、実質的に自他分離の方法論を用いていることになります。しかしながら、生命システムは統制された環境に生きているわけではありません。無限定環境下で生きていることが本質的なのです。

認知脳科学で行っているような物質科学の延長にある方法論では、自己充足的な実体間の関係は外的なものになります。イギリスの生物学者ウォディントンは著書『生命の本質』(岩波書店)の中で「部分の性質は部分と全体系における他の部分との関係を知ることによってのみ理解できる」と述べていますが、後述するように生命システムではまさにこの関係が本質的になります。したがって、生命物質科学の方法論を用いることで絶えず変動する無限定環境に生きている生命システムの論理のパラダイムが見つかるのかは問題です。これは環境と生命システムを分離することで生命システムの本質が抜け落ちることがないのかを検証する必要があることを意味しています。

適応脳科学は生命システムがどのようにして、しかもリアルタイムに環境と調和的関係をつくるのかを明らかにすることにあります。これは情報論的には大きな課題を内包しています。これまでの情報論は情報の量を問題にしてきました。そのためには情報は測定することが出来なくてはなりません。少なくとも明示的に書くことが出来なくてはなりません。適応するには行為が必要となりますが、行為の規範は真善美です。これが心と呼ばれるものです。真善美は少なくともこれまでの自然科学の方法では測ることは出来ません。これまでも概念を測定でき

図8

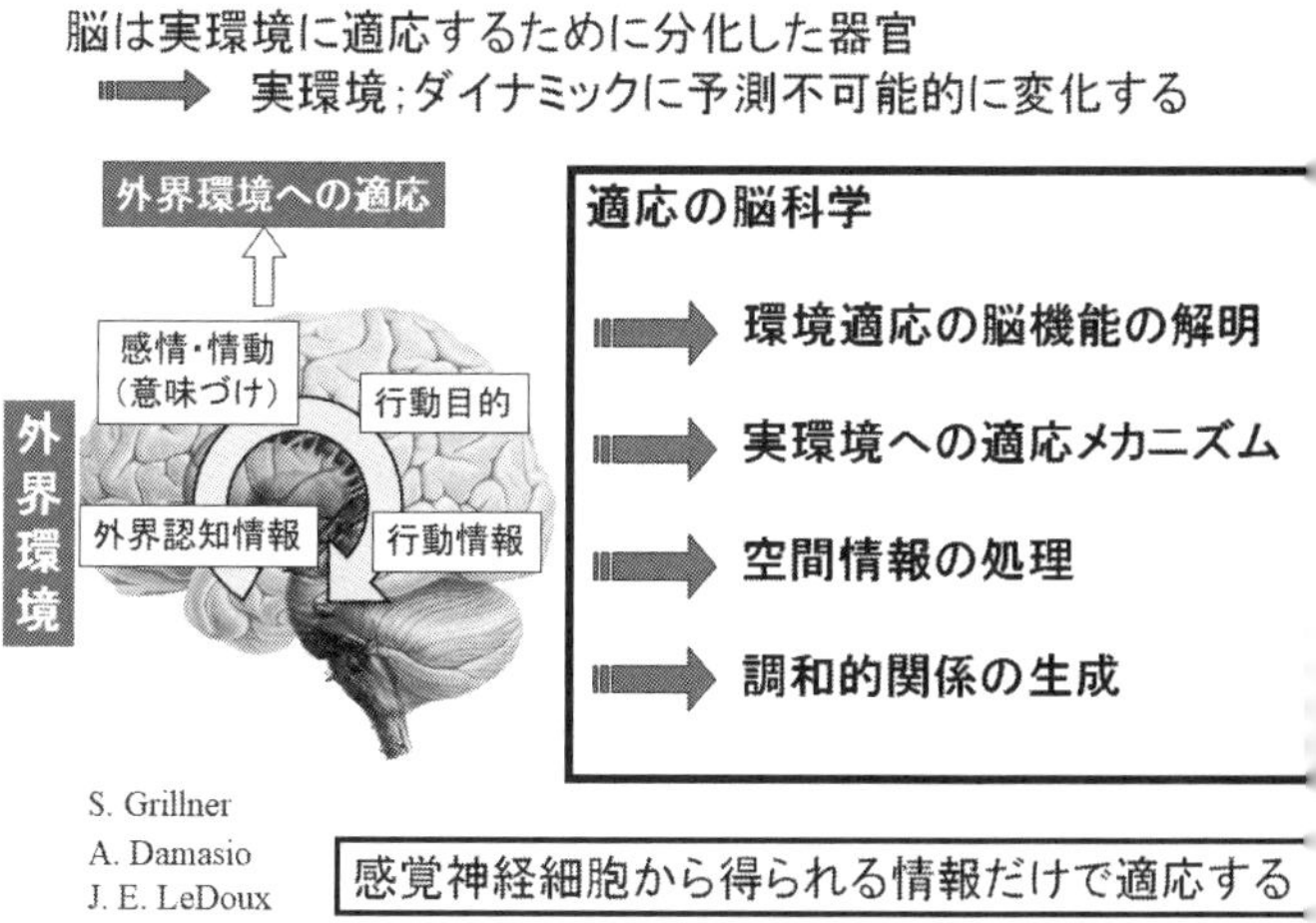

る変数の集合で表すことで、測定可能なものにしようとする試みはありました。これを操作主義と言います。しかしながら、このような方法で満足な結果を得ることは大変困難です。この方法の利用方法にアンケートがあります。アンケートを採用するにあたっては、概念を形作っている枠組みを明らかにしてアンケート項目を作成しないことにはその意義は失われます。しかし、適切なアンケートをつくることはそもそも無理なのです。概念は測定可能な変数の集合ではなくて、情報が統合されたものだからです。

情報の集合と統合は全く異質のものであって、集合は量ですが統合は質的な変化です。したがって、情報を統合するということは、感覚質と言われるクオリアを超えたものであり、統合する規範を獲得することが含まれなくてはなりません。真善美の規範と言っても、経験によって矛盾することが多く生じます。しかしこの矛盾を超えて統合することで新しい規範が獲得されるのです。環境に適応する、つまり、外部との調和的関係をつくり出すということでいえば、人間社会では「常識」が、物事を判断する一つの規範になっています。外部の状況が刻々と変化しても、私達は常識という規範によって外部との関係の仕方を変えていって、日々の生活に適応します。常識とは、人間が社会的に共有している規範であり、私達が生きていくということは、その規範をいかにして獲得するかというプロセスでもあります。そしてこの規範は必ずしも明示的に書くことが出来ないものなのです。常識を書けと言われても、明示的に書き下すことは出来ません。

適応の脳科学も同じ問題を抱えています。調和的関係と言った時に適切な調和的関係を創り出すことが必要になります。現時点の科学では意味は付与されるものとなっていますが、適応脳科学は意味を創り出す科学でなければなりません。

生存脳は生命の司令塔

高等動物の反射も環境変化に対する適応機能の基本になっています。一般に脳を有する動物でも大脳は生存の必要条件とはなっていません。つまり基本的な適応機能は大脳を介さなくても発現することが出来ます。このことは高等動物の脳は間脳をもって一応の完成を見ているとみなすことが出来ることを指しています。高等動物は間脳があれば感情・情動を持ちますが、この感情・情動は単なる喜怒哀楽を表現しているのではなく、生命システムがおかれた環境において生命システム自身が環境とも関係づけをしていることを指します。感覚器を通じて生命システムに入力された情報は記憶系を駆動する前に、まず情動系を駆動します。これは生命システムが複数の感覚器からの入力を統合し、とりあえず環境と生命システムの関係付けをすることを意味しています。その後、記憶を使った情報処理、すなわち理性はこの情動系を基盤として行われます。生命システムは置かれた環境において環境との関係、すなわち自分にとっての意味空間をとりあえず設定し、記憶系が働く間がない場合でも、直ちに環境に適応する行動を起こすことが出来ます。これは生命システムにとって大変重要なことです。例を挙げますと、何か物が自分のほうに飛んできたとします。それが石なのかボールなのかを判断する前に、飛んできた物体を危険と感じて、それから避ける行動をするということです。しかも、複数の異種の感覚器からの入力があってもこの段階で統合して意味を付けます。たとえば、滝の落ちる音を録音してこれを聞かせますと、うるさいノイズにしか聞こえませんが、視覚から滝の落ちる映像を同時に見せますと、決してうるさいノイズには聞こえなくなります。これらの感覚器からの情報を統合し、環境と適応する役割を担っているのが脳幹です。脳幹は間脳から延髄までを指しますが、特に中脳にあるドーパミン細胞、セロトニン細胞、コリン細胞など情動を働かせる細胞群の活動は脳幹網様体活動を調節し、その脳幹網様体は覚醒・運動・感覚の制御を行ったり、呼吸のリズム形成や循環器の統制を行ったりする機能を持っています。すなわち反射や生命の維持をつかさどるために生存脳といわれますが、この活動を踏まえた上で大脳皮質は働きますので、脳幹は大脳皮質の司令塔であるとも言えます。また脳幹は系統発生学的には古い基礎的神経構造で、下等動物では中枢神経系の中軸となっています。

生存脳は感覚器を通じて環境から入力を受け、それを統合することで環境と生命システムとの関係を付けることになります。通常生命システムと環境の間でやり取りされる情報は、それ自身曖昧性や不完全性が含まれており、限定するのに十分な情報は得られません。おかれた環境で無限定なシステムが調和的関係を創る際に、情報に曖昧性や不完全性が含まれている場合はいわゆる不良設定問題になります。不良設定問題はそのままでは解けませんから、それを解くためには良設定問題になるような拘束条件が必要となります。この拘束条件を創るのが生存脳で、その拘束条件を表すものがいわゆる情動と謂われるものです。もちろん高等動物は学習機能が備わっており、記憶によってこの拘束条件の生成は高度化しますし、記憶によって生存脳が創った拘束条件を変更することも出来ます。情動はいわゆる「真・善・美」に関する情報であり、「真・善・美」は行動の規範となるものです。

「見なし情報」の高次化

生命システムが置かれた環境において、記憶に依存しないで生得的な行動規範によって作られる「どのように環境に適応するか」という拘束条件の生成が十分条件の一つとなります。これは記憶に依存しない情報なので「一次の見なし情報」と呼ぶことにします。「一次の見なし情報」というのは生命システムがとりあえず環境をある状態であるとみなして適応行動を起こすときに必要になる拘束条件です。情報処理のために分化した器官である脳を持たない生き物や、脳がある動物でも記憶機能が使えないようなとっさの場合にはこの拘束条件だけで行動を起こすことになります。記憶を用いて創られる拘束条件を「二次の見なし情報」と呼ぶことにします。このように高等動物の行動は記憶機能を獲得することで、拘束条件の創り方が豊富になったことと、反射といわれる適応方法も多様になったことで、運動パターンそのものが柔軟かつ多様になったということが出来ます。「二次の見なし情報」と言う拘束条件は、一見多種多様ですが、その生成方法は共通なものが多いので比較的少数の法則性で記述することが出来るように思われます。なぜならば、入力情報を集約することで、個と環境に関する全体情報を「仮設」

します。この関係性の集約の方法は脳の構造から見ても共通性がありますから、比較的少数の法則性で記述できるからです。また「見なし情報」をいかに達成するかということが、動物における運動制御機能になります。この二つの「見なし情報」を系統発生史的に考察します。といいますのは「二次の見なし情報」を創る生物は「一次の見なし情報」を創る機構を保持しながら、「二次の見なし情報」を創る機構を獲得有したと見ることができます。したがって、「見なし情報」を創る生物を系統発生史的にみることで、環境に適応する情報生成のメカニズムに迫れると思われます。

陸生の軟体動物であるナメクジは比較的簡単な記憶関連の神経回路網を有しています。この動物の場合には匂いに関係した記憶を保持することが出来るが、どこにその匂いが存在したかという空間的な情報を合わせて記憶として保持することは出来ません。ナメクジの場合は大触角からの入力は記憶形成には関与しませんので、大触角からの入力は「一次の見なし」情報と同じで「場所の自己中心的な表現」となります。小触角からの入力が記憶の記銘と想起に関与します。小触角からの入力が前脳葉の週末層に表現されて保持されることになります。同時に後脳葉にはその情報の意味が保持されます。このように記憶には情報の表現と意味が分離・連関して記銘されていますので、新たに小触角から入ってきた入力は、この記憶を元に「場所の自己中心的な表現」を予測することになり、それにしたがってナメクジは行動することになります。ただしこの場合は場所の空間的な表現は脳内にあるのではなく、左右の小触角を比較することで空間情報と統合して、行動するための情報として「場所の自己中心的な表現」を予測することになります。これはナメクジが嗅覚というユニモーダルな感覚を用いているためです。系統発生的に見れば、サルまでは自己と対象物あるいは相手だけの二項関係を創るに留まりますから、「場所の自己中心的な表現」を創り、「場所の自己中心的な表現」を予測することで行動をしているとみなすことが出来ます。

これがヒトになりますと第三者（モノでも良い）を挟んで三項関係を創る、つまり、相互主観的に共有する、ことでコミュニケーションを行いますから、情報処理の次数が上がることになります。また、マルチモーダルな感覚を処理することになりますので、情報を統合するためには空間的同一性が必要となりますから、脳内でも空間的な情報処理が基本となります。これが脳は空間情報を処理するのに適合するように進化してきたといわれる所以です。まず、入ってきた各感覚器官からの入力情報は各々の個物が存在する空間情報と個物の意味と記号的な情報表現を作り出します。空間情報と意味がセットになっており、個物の記号的表現と関連を持って各々別の経路で処理されます。モダリティが異なる情報はこの個物が存在する空間情報に対応した形で意味が統合されることになります。空間と意味が組み合わされた情報が「場の情報」で、意味的な場となります。この意味的な場と各モダリティの情報表現のセットが「場所の自己中心的表現」です。この一次の「場所の自己中心的表現」は記憶されている「場所の歴史的表現」と統合されることで「自己の場所中心的表現」が仮設されることになります。さらにこの「自己の場所中心的表現」はより良い調和的関係を創るための「場所の自己中心的表現」を予測することになります。これが先に述べました「二次の見なし情報」です。この「二次の見なし情報」を充足するように個体は行為をすることになります。「適応律」は「見なし情報」を創る法則性と「共時的秩序の法則」からなっており、生命システムが知を創発する新しいパラダイムになります。これが従来から言われてきた生命システムの認識と制御になりますが、本来は別々に分離しているものではなく、「適応律」は「見なし情報」を創る法則性と「共時的秩序の法則」が循環的に働くことで成り立つ性質のものです。

自律的適応と知の創発

生命システムは無限定環境で生存していることは間違いありませんが、無限定と言っても世の中には二種類の無限定があります。ひとつは確率的な無限定で、これはある特定の状態が存在することが予め分かっている場合でも、組合せ爆発がおきて実質的には簡単には探索が出来ないという場合です。認識問題、制御問題や問題解決問題を探索問題として置き換えることが出来ると考える向きも多いし、事実一部の問題はルックアップテーブル方式として実用に供されている場合もあります。このように問題を確率空間の中での探索問題とすることは便利だけれども、限界もありますし問題も多いのです。実世界における認識や制御の問題は、探索時間の問題は別にしても「探索的知」を使って行う場合は、たちまち本質的な問題が生じてきます。一つは世界が複雑すぎて、すべてを記号化することは出来ないという問題です。確率空間が大きいとは言え、原理的にはすべての確率事象は知られていることになります。したがって、探索的知は外在的な知であって、知の生成を伴いません。その意味では探索的知は自他分離が可能な現象に対しては有効となります。しかしながら、実世界は予測不可能的に変化しますので、生命システムと環境は自他分離が出来ません。自他分離が出来ないことは、予め必要な情報が得られないということになります。そうすると認識したり、制御したりするために足りない情報はシステム自身が作り出さなければなりません。したがって、生命システムは必然的に知を創発するシステムでなければならないのです。

知の創発は、生命システムが無限定な環境に合わせて調和的関係を時々刻々創らざるを得ないことから来る必然的に獲得されてきた機能です。したがって、知を創発するためには、調和的関係をつくる一連のサイクルである認識と制御は不可分の関係にならざるを得ません。特に実世界では生命システムに入ってくる感覚情報は不完全であったり、曖昧であったり、あるいは部分的な情報であったりするのが通常です。この感覚情報から生命システムと環境との空間的関係を創り出さなければなりません。この空間的関係が生命システムの置かれた環境における意味になりますので、意味は空間的関係により生じるものになります。その環境から調和的関係を創りますから、より良い空間的関係を作り出すことが出来る様になります。感覚入力は不完全で曖昧又は部分情報という不良設定性があるのが通常であるので、この不良設定性を乗り越えるためには拘束条件を必要とします。つまり、新しい調和的関係を創るには新しい空間関係を創るための拘束条件である「見なし情報」が必要となる所以です。人間の場合は「見なし情報」は目的と言い換えることが出来ます。仮設された「見なし情報」に向かって行為あるいは移動が行われます。つまり、拘束条件の充足です。この行為によって「見なし情報」がシステム自身によって評価されることになり、この価値判断が新しい意味を創ることになります。この評価・判断も自己言及的に行われますので、システムは自律的に「知」を獲得出来ることになります。これまでコンピュータは知識を自律的に獲得することができないいわゆる「ファイゲンバウムのボトルネック」あるいは「知識獲得のボトルネック」があると言われていましたが、意味や価値を伴わない情報処理では必然的に情報を獲得することは出来ません。認知科学は認識して行為するという立場をとってきましたが、認識と行為すなわち判断が分離していては、知識の獲得は望むべくもないことです。

Ⅴ　産業革命と科学革命

産業革命と熱力学

現在の人間の諸活動のグローバル化の原点は十八世紀末から十九世紀にかけてイギリスで始まった産業革命だといえます。いわゆる近代化は紛れもなく科学技術の発展とともに始まったことになります。産業革命の主役はいうまでもなくイギリスで発明された蒸気機関と、それを動力とする工場制機械工業の発展です。蒸気機関の原型は、一六九〇年にフランス生まれで、その後イギリスに渡ったドニ・パパンの蒸気機関模型にあります。彼は水を沸騰させて作った蒸気圧と蒸気を冷却することによって造られる真空との圧力差をピストンとシリンダーの動力として利用することで、揚水が出来る装置の模型を造りました。一六九六年にはトマス・セイバァリが蒸気の膨張で水を押し出し、蒸気の凝縮による負圧を使って水を吸い上げ、その水を別の配管に繋いで、蒸気の圧力で排水するいわゆる「セイバァリ機関」を発明しました。これは現象的にはスポイドで水吸い込み、それを別の容器に移すのと同じ仕組みで、その動力として蒸気の膨張・凝縮を利用した蒸気機関です。これは能力が低かったために、実用化は一七一七年のトーマス・ニューコメンの蒸気機関の発明まで待たなくてはなりませんでした。ニューコメンはドニ・パパンの蒸気機関模型からボイラーとシリンダーを分離することで、連続運転を可能にしました。この蒸気機関が実質的な蒸気機関の発明とされています。この蒸気機関の大転換が一七一八年に起きます。それは、ジェームズ・ワットがニューコメンの蒸気機関を改良し、往復運動を回転運動に変換する機構を発明したことです。ワットの蒸気機関によって効率が飛躍的に上昇しましたので、鉱山での排水作業に使われる程度であった蒸気機関が工場の動力として使えるようになりました。ワットの蒸気機関は工場制機械工業の発達を促しましたから、これにより大量生産が出来るようになったのです。また蒸気機関車や蒸気汽船等の新しい輸送手段の開発につながって行きました。こうして、ワットの蒸気機関の発明はいわゆる産業革命の引き金となったのです。工場制機械工業による生産力の増大には大量の労働力を必要とします。幸いなことに、ちょうど時を同じくして十八世紀頃には西ヨーロッパで「農業革命」が起きました。この農業革命は農法を変革することで可能になったもので、輪作と囲い込みによって農業生産性が飛躍的に向上しました。イギリスでも農業革命が起こっていましたので、余剰労働力が都市に移動するとともに、食料増によって養える人口も大きく増加しましたので、産業革命で必要となった労働力がふんだんに供給されるようになったのです。

イギリスで産業革命が始まったのは二つの要因が幸いしたといわれます。一つは当時イギリスの賃金が他の西洋諸国に比べて高かったことです。賃金が高ければ、工場制機械工業化は難しいように思えますが、当時のイギリスでは賃金を下げることで生産コストを下げるのではなく、工場制機械工業化による大量生産によってコストを下げることが進められました。この成功が様々な分野での工業化・大量生産の引き金になったと言われています。また、大量生産には大量の原料供給が必要ですが、蒸気機関による輸送力の増強がそれを可能にしたのです。蒸気機関の発達によってアメリカやインドからの綿花、オーストラリアからの羊毛などの大量輸入が出来る様になり、これがイギリスにおける繊維産業の隆盛を招いた要因であることは言うまでもありません。この工業化によって生み出される富が再び社会の発展の原動力になります。このように生産力が増えれば養える人口が増え、人口が増えると生産力が増えるというポジティブ・フィードバックループが産業革命の大きな推進力になったといえます。産業革命に関しては、科学と技術の関係で指摘しておきたいことがあります。科学技術と言うときには、科学という学問を技術的に応用するということがしばしば言われますが、蒸気機関に関しては、このことは当てはまりません。蒸気機関の発明・改良はもっぱら技術者によってなされました。より効率の良い蒸気機関はどうやって造るのかは、技術者によって経験的に改良されたのです。蒸気機関に関する学問である熱力学は十九世紀中頃にようやく確立されることになります。一八二四年にサディ・カルノーは仮想的熱機関を考え、いまでも熱力学第二法則を説明するときに使う「カルノーサイクル」を提案しました。当時は熱は熱素という物質からなる説が支配的で、エントロピー概念は存在していませんでした。カルノーサイクルの熱素をエントロピーと読み替えると、見事に永久機関は存在しないという熱力学第二法則に相当する結論が得られます。熱力学は現象を分析して法則性を求める方法論ではなく、熱現象を全体として捉えることで確立されました。状態量であるエントロピーという物理量が発見されましたが、エントロピーは温度、圧力、体積間の関係を導く情報圧縮量として発見されたのです。また、内部エネルギーの変化は外部から系に入った熱量と外から系になされた仕事量の和に等しいという熱力学の第一法則である「エネルギーの保存則」が確立されて、永久機関は不可能であるとする熱力学第二法則と共に熱力学の原理が創られることになります。このように熱力学は技術がまず先行して、そのあとで学問が創られたという経緯を辿った学問だと言えます。産業革命に始まった内燃機関は現代社会でも幅広く利用されている強力な動力源になっています。

科学革命による世界観の変化

産業革命に先立つこと百年ほど前の十七世紀には科学革命と謂われる科学の変革が起きていました。その中心人物は、生まれた順にポーランドのコペルニクス、イタリアのガリレイ、ドイツのケプラー、イングランドのニュートンの四名が挙げられます。コペルニクスは当時主流だった天動説と対立する地動説を唱えました。コペルニクスが提唱した地動説は、その後ケプラーによって引き継がれることになります。ケプラーはルドルフ星表を作り、惑星の運動軌道を楕円であるとすると、それまで得られていた天体の観測結果をうまく説明出来ることを示しました。これは「ケプラーの法則」と呼ばれ、惑星は距離の二乗に比例する力によって太陽に引かれている事実を導きました。天動説よりも地動説の方が、より精密に惑星の運行を計算できることを示したのです。同時代のガリレイは自由落下運動の法則などの力学的な発見をしましたが、天文学でも月面の凹凸や木星の三つの衛星などの発見をしました。これらの発見もまた、天動説には与しない発見でしたのでガリレイは地動説に賛同することになります。しかしながら惑星が引かれる力や落下する際の力の正体については、おおよそ百年後のニュートンの万有引力の発見まで待たなくてはなりませんでした。ニュートン力学の発表は、近代的な機械論的自然観の提唱につながり、これまで地上のものと天上のものとを二分してきたキリスト教的世界観をくつがえすことになりました。

このコペルニクスの地動説という新しい世界観は、いまでこそ天文学史上最も重要な発見であるとされていますが、それまでの世界観である宗教や哲学と激しく対立し、社会との軋轢を生じさせたのです。この地動説は教会の教理に反しますし、それまで受け入れられてきた「物体はそれぞれの目的に向かって運動する。」というアリストテレスの目的論的自然観にも反します。ガリレイの自由落下運動の法則もまた「重いものほど早く落下する。」というアリストテレスの自然哲学体系に変更をせまるものでした。しかしながら、すでに述べましたようにキリスト教的世界観を覆すまでには厳しい道のりがありました。いわゆるガリレイ事件といわれるキリスト教による深刻な迫害です。ガリレイは科学とキリスト教的世界観の対立を避けるために、科学を哲学や宗教から分離することを試みました。科学は人間の価値観とは無関係に中立であり、科学それ自身は自己完結と考え実証主義の立場で科学を実践しました。そこで、彼は「科学は対象化した現象において観測される事実だけが本質的であり、この事実は観測する人間の価値観には依存せず、誰が観測しても同じ事実だけが得られる」という普遍性を主張したのです。これが科学の客観性といわれるもので、そこで得られた法則の持つ普遍性によって科学が人間の価値観から解放されることになり、また、この科学の没価値性によって、宗教、哲学、科学はおのおのが独立した存在として認め合うことが可能になり、世界観の対立を見かけ上解消することが出来たのです。つまり、科学それ自身は人間の哲学、宗教や倫理とは無関係に成立するように折り合いが付いたのです。この自然科学の普遍性が科学哲学を生み、現代社会の基盤となりましたが、「科学的手法」の強力さゆえに、この方法を自然科学が成り立つ前提を超えた「人間の諸活動」にまで適用したことで、様々な問題を生じているのです。

VI　無限成長の翳り

幾何級数的な人口増と食糧事情

工業による繁栄は人口の急速な増大をもたらしましたが、この成長はやがて地球的規模でのカタストロフィーを引き起こすという警告が、一九七二年にローマクラブの『成長の限界』によってなされました。この警告は世界的な反響を呼びましたが、カタストロフィーを避けるための具体的な行動には結びつきませんでした。幾何級数的な人口増大に食糧増産が追い付かないことから、カタストロフィーが起きるというのがローマクラブの警告でしたが、幸いなことに、一九六〇年代に始まったグリーン革命によって、食糧生産は現在までにほぼ倍増しましたので、深刻な食糧危機は避けることが出来ています。これはアジアを中心とした多収穫をもたらす品種改良の努力と農業経営の改善によって麦・米の生産が飛躍的に伸びたことによります。現代では病虫害に強い遺伝子を組み換えた品種も盛んに作られています。また農業生産性が増大した別の要因として農業の人工環境化が挙げられます。農産物が育ちやすいように病虫害を防ぐ農薬や生育に必要な養分を補うために人工肥料などを大量に散布し、さらには農業用水路を整備し、地下水を汲み上げることで人工的に環境をコントロールすることが可能になり、大型の農業用機械を用いて生産性を上げることができるようになったのです。

つまり、大量の化学物質とエネルギーを投下することで農業の生産性を上げることに成功しましたが、だからといって将来にわたってカタストロフィーが避けられるわけではありません。今後も食糧増産の努力をしたとしても、地球が養える人口の上限は多く見積もってもせいぜい百億人程度ではないかと言われています。しかもこの上限は食糧生産の基盤である世界の耕地面積が現在より減少しないとした場合の試算です。実際は、農耕地は酷使されて疲弊していますので、これまでの生産性を保つのはなかなか難しいだろうといわれています。また、世界的にみれば年々日本の全耕地面積を超える農地が環境破壊によって失われていますので、現在の食糧生産高を飛躍的に上昇させることは困難だろうと思われます。また、グローバル化に伴って、アグロビジネスは経済優位性を確保するために規模を拡大することでコストを下げる方策をとっています。その結果、いまや人間の食糧のは八五～九〇％が米、麦、トマト、ジャガイモ、トウモロコシ、バナナなど少数の種に依存しており、しかもそれらの多くが単一品種になっていいます。このことはある品種が病原体に侵されたら、世界の食糧事情は壊滅的な打撃を受ける危険性を孕んでいます。事実、一八四五年～一八四六年のアイルランドでは葉枯病によってジャガイモの不作に見舞われて、人口の約半分が食事のほとんどをジャガイモに頼っていたために百万人以上の命が失われたのです。

経済のグローバル化は地域の食文化を破壊し、地球の生命維持力を大きく削いでいることは憂慮すべき事態なのです。食料問題の難しいところは、備蓄が可能であるとはいえ、経済的な理由からいっても大量に備蓄することはなかなか難しいことによります。現在のように天候のブレが大きくなってきますと、記録的な不作の年が続く可能性も大きくなります。人口の上限は不作の年の生産に依存すると考えてよいので、人類が安心して暮らせる数はもっと少ないと考えるのが自然です。

食糧といえば、魚を中心とした海産物がありますが、最近では魚介類の漁獲高はその再生産量を超えているといわれており、海洋食糧資源の元本を食い潰し始めていることを意味しています。漁業は農業と違って、海洋の生態系をコントロールすることはほとんど望めませんから、漁獲量はすでにピークを過ぎたと考えた方がよさそうです。これらのことを考えますと、私達の生命維持装置である地球が養うことの出来る人口は急速に上限へと近づきつつあると言えましょう。資源が枯渇する問題は挙げれば限りがありませんが、金属でいえば今後四十年で四十種類が枯渇すると言われており、すでに水銀、銀、錫、鉛は埋蔵量の八〇%を消費しており、銅も五〇%を消費してしまったと言われています。工業の発展により、必然的に生じる都市化の問題も今後大問題になって行くことが予想されています。工業化による職の増大は、国家間あるいは国内においても大量の人口の移動をもたらしています。同じ国内でも第一次産業の従事者が激減し、農村部から都市へ職を求めて大量の人口が移動しています。この人口の移動により、二十年後には人口の六〇%が都市部に居住するようになると予想されています。この急激な変化は新たな都市問題を生じさせ、社会の不安定要因となっているのです。都市部でのエネルギーの大量消費はヒートアイランド現象を生み、大量の水需要は排水処理問題を困難にし、大量の食糧の移動は消費地で多くの窒素が排出されるので、生態系における窒素循環に異常を来たす原因になっています。そのため消費地では海洋が富栄養化し、地下水の硝酸汚染はますます酷くなるのに対し、生産地では農耕地が窒素その他の栄養分が吸い取られることで疲弊していくことになります。

地球温暖化とエネルギー消費

また現代社会の人間の諸活動を支えている大きな要素にエネルギーがあります。現代社会では増大する人類の諸活動を支えるためには、膨大なエネルギーを必要としています。大量のエネルギーを消費し続けなければ現代社会は維持できないし、消費を続ければ地球システムそのものの存在が危うくなるというジレンマに陥っています。エネルギー問題は以前から言われてきた資源の枯渇という問題は新たにシェールオイル、シェールガスが発見され、それらを採掘する技術が開発されたことで、当面回避されるようになりました。一方では、化石燃料の使用による環境負荷の問題がより深刻になっています。NOx、酸性雨、スモッグ、二酸化炭素、の排出問題は石油や石炭、天然ガスなどの化石燃料の消費が原因となっています。これらが環境破壊や、地球温暖化をもたらすということで、その消費を抑制しようとする動きが大きくなって来ています。これ以上環境の悪化を避けるには化石燃料の消費の総量規制を実施する必要があるいうことで、世界レベルで総量規制が提案されています。しかし、この問題は非常に複雑で、各国の利害が対立しますから、総論賛成各論反対の典型的な例となっています。炭素循環（酸素—炭酸ガス）では、一年間に排出される炭酸ガスの量が地上での炭素循環や海洋で吸収される炭酸ガスの量の約二倍にも及んでおり、大気中の炭酸ガスは増え続けています。地球温暖化が炭酸ガスの増加だけによるものかどうかは議論がありますが、地球の気温が百年間に0.5度程度の上昇期にあるのは確かなようです。このような地球温暖化が続けば、地球の生態系は劇的に変化することが予想されています。

地球温暖化に対処するためにIPCC（気候変動に関する政府間パネル）などの活動を通じて、一九九七年には気候変動の枠組み条約、いわゆる「京都議定書」が採択されました。そこでは地球温暖化ガスである二酸化炭素、メタン、亜酸化窒素、ハイドロフルカーボン、パーフルオロカーボン、六フッ化硫黄について、先進国は一九九〇年を基準として国別に削減目標値を達成することが定められました。しかしながら、温暖化ガスの最大の排出国であるアメリカや当時発展途上国であった中国はこの条約を批准しませんでした。また、先進国の一人当たりのエネルギー消費量は発展途上国の十倍にも上るということがありますので、「先進国が発展してきた段階で排出した温暖化ガスの累積量に基づいて削減するのは当然としても、これまで温暖化ガスをそれほど排出してこなかった発展途上国にも削減義務を負わせるのは不公平である」という意見も多くありました。そのため発展途上国には削減義務を負わせませんでしたので、効果は疑問視されてきました。とはいえ、現在発展途上国のエネルギー消費の増加率は年5％を超えており、環境に対する対策がより困難な石炭の消費が石油の消費より高い伸び率を示していますので、このことが環境に与える影響は深刻だと言えます。このように化石燃料の消費による環境破壊は深刻なものになっているにもかかわらず、消費を規制するのはなかなか困難なのです。先進国も発展途上国も一人当たりのエネルギーの消費は同じレベルまでは認めようという考えから炭素税が提案されていますが、これも利害が鋭く対立していてなかなか合意は得られていません。このように、京都議定書の効果は限定的であったために、次のスキームを構築する努力が引き続き続けられてきました。そしてようやく、京都議定書から十八年後の二〇一五年一二月に一九六カ国が参加する枠組みとして「パリ協定」が採択されました。これには発展途上国も参加したことや温暖化による気温上昇を産業革命以前の値に比べて二度以内に収めるという具体的な目標を設定しましたので、京都議定書よりも厳しい条約になっています。特筆されるのは温室効果ガスの排出量を地球の生態系が吸収する範囲に収めるという目標が掲げられていることです。これは実質的に化石燃料の使用が出来なくなることを意味しています。

科学技術とグローバリゼーション

グローバリゼーションが引き起こした問題には「エネルギー・食糧・地球環境問題」に加えて「格差」の拡大があります。科学は工学と結びつき、科学技術として二人三脚で急速に発展してきました。モノの生産は飛躍的に増大し、物質的な豊かさをもたらしたばかりでなく、利便性も上昇することになります。反面この工業化は先進国と発展途上国という国家間の格差の増大を作り出しました。いわゆる「南北問題」といわれるものです。十九世紀末には農業国や工業国への分化が起きる国際分業が広がりました。植民地は単一農作物を栽培するモノカルチャー経済へ転換されたりするなど、資源供給国としての役割を担わされたりすることになりました。第二次世界大戦後は技術革新によって、安価な代替製品が生産されるようになったために、それらの農産物を生産することで成り立っていた農業国の衰退が起きたり、工業国でも農業に科学技術を取り入れることで農業生産性を向上させたりしたので、農産物の価格の低迷が生じることになりました。結果的には先進国と発展途上国との格差は大きくなっていきます。一九七〇年代から二〇一〇年代ではその格差はさらに一桁も大きくなったのです。発展途上国の間でも天然資源保有国の中には、資源ナショナリズムの高まりから先進諸国の資本支配から脱却して富裕国の仲間入りをしている国もあります。そのなかには台湾、韓国、マレーシア、メキシコ、BRICsなどは一定の成果を上げました。なかでも中国のように日本を抜いて世界第二位の経済大国になった国もあります。しかし、その他の途上国では資本導入によって工業化を進めようとしましたが、必ずしも成功しているとは言えません。これらの国々では貿易赤字と対外債務を増やす結果となり、途上国間でも格差はますます広がっていて、途上国間の格差を「南々問題」と言うこともあります。

　これらの格差は国家間だけではなく、先進国といわれる国々でも工業化によって恩恵を受ける地域と受けられない地域が生じ、国内の地域間格差が深刻な問題となっています。格差を生じる原因としては、「技術革新」と「市場経済」のグローバル化が挙げられます。欧米各国は東西の対立が終焉を迎えた頃から、産業の競争力の強化が国力の強化に繋がるとして科学技術政策の見直しを強力に推進し、英国では科学大臣が「私達の潜在力の実現に向けて」を議会に提案し、米国ではゴア副大統領の「国益における科学」という形で科学技術に関する新しい政策を打ち出しました。日本でも遅ればせながら一九九五年に科学技術基本法を制定し、翌年から科学技術イノベーション政策を推進するための「科学技術基本計画」を策定し約十七兆円という巨額の研究資金を投入して、「科学技術創造立国」の実現を目指しました。これは五年ごとに見直され、計画を改定しながら今なお継続して実施されています。このように近代科学技術は世界中を席巻し、産業構造、社会構造を大きく変革させ、これまでのイデオロギー対立の時代から経済至上主義による経済競争の時代へと移行させることになりました。

自然を理解する学問として発達した自然科学は普遍性と予見性を獲得することに成功しました。人間生活に役に立つように発展してきた工学は、産業革命以来自然科学と二人三脚を組むことで、新しい産業を生み、その生産能力は飛躍的に増大しました。工学の主たる評価の指標は「効率」であり、より速く、より多く、より安く、より便利に、より簡単に・・・など、いかにしたら効率を上げられるかということを追求してきました。自然科学において自然をある境界切り取って対象化してそこで働く法則性を追求するという手法は非常に有効であったため、人間の諸活動に対してもこの手法が取られるようになりました。そこでは、切り取った活動は他の活動と干渉しませんから自己完結的に目標を設定することができます。この目標にはそれを抑えるものが存在しませんので、際限なく追求されることになります。そうなると、競争に勝つこと自体が目的にとって代わることになります。こうして生まれた競争至上主義は世界的規模で拡大し、日本もその例外ではなく、競争の公平さを達成するために「自由化」、「国際化」が求められ、効率を上げるために「情報化」が求められてきたのです。こうして生まれた競争至上主義は世界的規模で拡大し、効率を上げるために「技術革新」が求められてきました。これがグローバリゼーションの本質なのです。

このようなグローバリゼーションには、必然的にともなう現象があります。ひとつは外部経済あるいは外部不経済の問題です。外部経済又は外部不経済とは、切り取った経済主体が他の経済主体に便益あるいは不便益を及ぼすことを指します。外部経済が存在する場合、経済主体が生産決定する際に考慮するのは、その経済主体に帰属する分の便益だけです。供給量を市場に任せれば需要より少ない量を供給する方が単位あたりの便益が上昇して、供給主体の利益が増えることもありますから、必ずしも最適な量が供給されるとは限りません。経済主体の便益と市場全体の便益が常に一致するとは限らないのです。このような場合には市場全体の便益が最適化されるように、行政がある経済主体に供給に比例した補助金を出すことが認められることもあります。外部不経済の例は環境被害の場合などに顕著に表れます。環境対策を出来るだけ減らして生産活動をする方が価格を抑えられますから、生産主体にとっては便益が増します。しかし、生産現場があるところの住民は、環境対策がなされなかったことで被害を受けることになります。この問題が発生した背景には、WTO（世界貿易機関）が環境問題は外部経済の問題であって、市場での商品価格はその商品の持っている価値だけで決まり、どのような経過で造られたのかは問題にしないという立場をとったことが大きく影響しています。このように外部不経済を考慮しないことで、ある経営主体がコスト優位性を確立して競争に打ち勝ったとしても、やがて公害などの弊害を生みますから、結果的に大きなしっぺ返しを受けることになり、持続性は失われることになります。

Ⅶ　実証主義と功利主義

実証主義

科学革命以後はガリレイが提唱した実証主義の立場で科学が実践されてきました。したがって、科学の対象は自然科学が主となっていきました。自然科学が広く受け入れられるようになったために、二十世紀以降は科学論も科学哲学もその対象は自然科学になったといえます。この自然科学の知識様式は、誰が行っても同じ結果が得られるという経験に基づいていますから、確実に再現出来る事実として受け入れられたのです。このようにして自然で発見された科学の知識様式は、実在世界にはただ一つの科学が存在すると考え、科学は数学から物理、物理から化学、化学から生物へと体系化が図られていきました。この動きは逆に社会学は心理学へ、心理学は生物学へ、生物学は化学へ、化学は物理学へと還元されるべきだという還元主義を生みました。ウィーン学団によって哲学も同様に実証性を備えるべきであると主張され、論理実証主義と謂われることになります。この哲学は二十世紀前半、西洋では広く受け入れられるようになっていました。しかし、ファシズムの台頭が始まり、論理実証主義の支持者達は第二次世界大戦前にナチスの迫害を恐れて、アメリカに渡って その活動の場を変えて活躍することになります。

アメリカに渡った実証主義はそこでも広く受け入れられました。科学の方法論は自己完結的で自閉的な傾向がありますが、この方法論を人間の諸活動を個別的に対象化して適用しますと、その活動は他との関わりを持たないことになりますから、どこまでも活動を広げることができるようになります。この実証主義は同じく社会学で受け入れられている「功利主義」ととても相性が良いのです。行為や制度の好ましさは、その結果うまれる「功利、あるいは有用性」によって決まるという考え方です。ベンサムの「最大多数の最大幸福」というスローガンで知られていますが、一種の帰結主義です。個人の幸福の総和を最大化するという行為は、個人が何処までも幸福を追求することが好ましいということにつながります。この功利主義の行き着く先は「リバタリアニズム」で自由至上主義とも謂われるものです。リバタリアニズムは「個人的自由」と「経済的自由」を尊重する考えですが、行き過ぎれば弱肉強食の強欲資本主義と非難されることもあります。新自由主義はリバタリアニズムと似ていますが、「経済的自由」に偏重している点が異なっていると言えば異なります。これらの思想を背景に、経済活動が「市場原理主義」と結びついて実施されますと、先に述べた「グローバリゼーション」が起きることになります。

市場原理主義

経済主体である企業などが自身の活動を対象化して、自己完結的に目標を設定する方法論は必然的にサービス経済を生じさせることになります。現在日本のGDPの七割はサービス産業が担っていると言われています。サービス経済では、提供者が一方的に提供するサービスを決めて提供します。最近では、企業は「なにを提供するのが便益を最大化出来るのか」を考えるのに、往々にして大数の法則を使った確率的予測を用います、大数の法則とは独立事象を繰り返せば、その値はある一定値に近づいて、それから外れる確率は急速に小さくなるという法則です。たとえば、コインを振って表が出れば右へ一歩、裏が出れば左に一歩進めることにして、振る回数を無限に繰り返せば両者の出る確率は限りなく等しくなり、出発点に止まる確率が圧倒的に大きくなり、中央値から外れる確率は急速に小さくなります。この確率分布は中央値付近が大きい訳ですから、サービスの対象をこの分布の大部分を占めるマジョリティにするのがもっとも効率が良いことになります。分布の中央値から外れた人は切り捨てて相手にしないことになります。こうした効率至上主義は世界的規模で拡大し、効率を上げるために確率論を使った「サービスの情報化」が展開されてきました。今話題になっているIoT（モノのインターネット）やビッグデータはこの確率論を元に企業便益が上がるように展開されているといって良いと思います。情報技術の進歩は情報技術産業の隆盛をもたらしているだけではなく、産業構造をも大きく変革しています。経済競争に打ち勝つための情報技術のノウハウを知的所有権として確保することが経済優位性を保つことになりますので、企業にとっては死活問題になっています。情報技術は現代のグローバルな競争的体質をますます激化させるドライビングフォースとなっています。一方で、現在の情報技術は、世界は安定していて、同じことが繰り返し起きることに基づいてつくられています。経験的に人間の行動も同じように繰り返される傾向がありますので、過去の人間行動を分析して、人間の行動を確率論的に特徴づけることが出来ます。こうして人間の行動は確率的に予測できることになります。確率の高い行動は一定の安定感がありますから、人間はこの行動の確率予測が提示されますと、それに従って行動しがちになります。そうなれば、人間は「過去の囚人」となって、思考を省くようになります。

近代社会の経済活動は、お金とモノの交換やお金とサービスの交換で成り立っています。現在の交換経済では相対価値で取引されますが、相対価値の物差しはコストになります。コストを下げれば、競争に勝つことができます。コストはスケールメリットと言って、スケールを大きくすればするほど下がります。従って、競争に勝ち抜くためには必然的に量的な拡大を目指すことになるのです。このように自己完結的な目的をつくって、目的を追求するという競争社会を成立させる条件となっている市場原理は、あくまでも効率を評価基準として無限成長を前提とした場合に成り立ちます。市場原理が成り立つ市場は他との係わりや全体との係わりを欠いているという意味で閉じた市場なのです。新自由主義を標榜する人々は市場原理を人間の諸活動のあらゆるところに持ち込んでいます。市場原理を働かせるには人間の諸活動を数値化する必要があります。そのために、本来数値化出来ない教育や研究、自然環境、労働、知識や情報といった分野までを数値化することによって、市場原理が働くようにしてしまいました。しかし、市場原理は、競争原理が強く働いてシステムに勝ち負けがはっきりしたという意味の秩序が創られた時に限界を露呈します。それを自然科学における秩序が自己組織される原理になぞらえて説明します。自然における自己組織現象で発見されたこの原理は、おそらく社会現象にも当てはまると思われるからです。秩序が自己組織されるには協調と競合が必要です。どちらか一つだけでも秩序は出来ません。市場原理での勝者は自己完結的に設定した目標に向かってしゃにむに頑張ることで、雪だるま式に大きくなっていきます。目的に向かって自己触媒的に自己の活動を益々増大させることは目的を達成するための協調の働きをします。同時に、競争して勝つことは他の活動を抑制することになります。この競合する力が強ければ強いほど、新しい芽はつぶされることになりますから、出来上がった秩序は安定するわけです。勝者はいつまでも勝者で居続けることになりますし、貧富の差は増大することになります。グローバル化は環境と資源の有限性というグローバルな限界の存在を明らかにしただけではなく、市場原理によるグローバル化はグローバルに強い抑制を懸けることによる社会構造の固形化という、極めてまずい状況を生んでいるといえると思います。また逆に市場を構成するメンバーが遠距離の協調作用をして、競合作用が近距離に留まり、協調に比べて小さいようですと、一斉に変化が起きやすくなりますから、市場は不安定化して別の状態に移ろうとします。人類が生きていくためには、人間の諸活動と地球システムが調和するような秩序を創り出すことが必要ですが、どうやって調和を取るかということは近代科学技術の論理から排除されています。

また同一企業内においても、コスト優位性を確保するために賃金を抑制することが往々にして行われます。そのために、スキルを要する業務とスキルを要しない業務では賃金格差を生じることになります。その結果、少数の富める人と、多くの貧しい人が生まれます。それが構造的に固定化されていくようなことが、現在の社会で生じてきていると思います。一時喧伝されましたトリクルダウンといった、裕福な人たちの富がしたたり落ちて、貧しい人たちにも行き渡る、といった考え方は、まやかしの論理であり、こういうことが起きるはずもありませんし、起きる仕掛けもありません。グローバル化による弊害を乗り越えて、新しい調和に向かうパラダイムシフトについてはあらためて後述することにします。

すでに述べましたように、市場経済の動きを自己組織論的に見ますと、企業間に調和的な秩序が生成されるためには秩序を創るように協調する力とそれを壊す競合的な力がバランスすることが必要です。効率を最大化するという目的に向かってこの競合原理が強く働くと、最初はいくつかの企業が設立されたとしても、その中でいち早く成長した企業が他の企業を打ち負かしてしまうことが往々にして起きがちです。そして、結果的には寡占状態が生まれることになります。加えて、主要国では規模の経済を追求するために、成長戦略は強い企業をより強く、富める企業をより富めるような政策をとりがちですから、ますます寡占状態が進みます。その結果、一つの業種には世界的にも少数の巨大企業だけが生き延びる状況が生まれることになります。GAFAがその例になります。一旦できた寡占状態を壊す仕掛けはありません。人間の諸活動と地球環境が調和することは市場原理主義によっては実現しないのです。また同一企業内においても、コスト優位性を確保するために賃金を抑制ことが往々にして行われます。そのために、スキルを要する業務とスキルを要しない業務では賃金格差を生じさせることが行われます。その結果、少数の富める人と、多くの貧しい人が生まれ、それが構造的に固定化されていくようなことが、現在の社会で生まれてきていると思います。

Ⅷ　情報革命

情報革命は情報が創られることによって、社会構造や生活構造が一新されることを指します。近年は情報技術（IT）の急速な進歩により、情報流通量と伝達速度が飛躍的に大きく、しかも高速になるにともなって、社会構造、産業構造が大きく変わってきました。それは情報革命と区別して情報技術革命（IT革命）と謂われています。熱機関の発明による産業革命以後、社会の中心は「物の生産」だったのですが、情報技術革命によって重点が「情報の生産」へと移行しているといえます。現在のところ情報技術革命は、アメリカの情報戦略に牽引され、アメリカのシナリオで移行していると言っても過言ではありません。しかし、この情報技術は利便性を向上させるように発達してきた工学の枠を破る技術ではありません。つまり、消費財としての情報を大量に生産し、大量に消費することで利便性は向上しましたが、人と人とのコミュニケーションの質を変えたわけではありません。情報技術は近代西洋合理主義が行きつくところまで行くための強力なドライビングフォースでありますが、現在の社会がかかえる様々な問題をブレイクスルーする技術にはなっていません。そのためには西洋合理主義の限界を打ち破るような科学のパラダイムシフトが必要なのです。ここでは現在の技術の限界と本当の意味の「情報革命」について展望することにします。

通信技術の革新

最近の日常生活の中で起きている技術的変化のなかでは、コミュニケーション技術や情報技術の進歩による変化が際だっています。現代制御の基礎となっている「サイバネティックス」を創ったノバート・ウィーナーは「二十世紀は通信と制御の世紀」と呼びましたが、まさに制御も通信も情報技術であり、そのハードとソフトの進歩が現在の高度情報社会を生んだと言えます。その中できわだっているのは、新たな情報通信システムであるインターネットの世界的な規模での普及です。インターネットは最初は軍事技術として開発されましたが、それが民間に開放されて、個人のコンピュータを情報通信手段としてネットワーク化することで普及しました。インターネットの通信を担う光通信技術の進歩はめざましく、各家庭まで光ファイバーが普及することによって大量の情報が超高速で交信されるようになりました。さらに、ラストワンマイルの無線通信技術の高度化はスマートフォンに代表されるモバイルフォンの普及をうながし、いまや一人一台が欠かせなくなってきています。現在は情報通信に関していえば、何時でも、何処でも、誰とでも通信ができるようになっていますので、まだ若干問題のある言葉の壁を除けばバリア・フリー通信ができる高度情報社会が実現したといえます。また、インターネット通信の高速化は、音声や画像情報を含んだマルチメディア化を可能にし、流通するコンテンツも圧倒的に豊富になっています。もちろん、一昔前までは「夢」だと思われていたテレビ電話なども日常的に使えるようになっています。これまでのテレビやラジオの放送のように不特定多数の人間に一方的に情報を伝えるだけはなくて、双方向的に人々は必要な情報を必要な時に得ることもできるようになって、放送と通信の本格的な融合の時代が来ています。また、インターネットは局在化していた情報を遍在化させる技術なので、瞬く間に情報が世界中に偏在し共有されるようになりました。インターネットの検索エンジンの進歩によって、調べものをする場合は大変便利になっています。現在では電子化されている雑誌や本が圧倒的に多くなりました。インターネットを使えば、直接図書館や書店に行く必要が無くなり、書籍も何処にいても何時でも簡単に手にはいる様になってきています。また、通信販売も電子化されていますし、旅行の手配も催し物のチケットの購入も居ながらにして処理できるようになっています。このインターネットの通信インフラの整備は世界的規模で行われており、いまや社会生活に欠くことのできない通信手段となっています。

コンピュータの発明

二十世紀の最大の発明の一つはコンピュータであると言われるように、世界中を席巻している西欧の近代文明は、もはやコンピュータを抜きには語ることは出来ません。文明の評価軸である利便性や効率を向上させるのに欠かせなくなっていますし、なによりも世界的規模で展開されているインターネットの主役のひとつだからです。現代の情報社会はコンピュータ科学やコンピュータを用いた情報通信技術が無ければ成り立ちません。そもそもコンピュータは、アラン・チューリングが数学の形式体系は簡単なデバイスからなるマシンの動作に置き換えられることを示したことに始まります。いわゆるチューリングマシンとして知られています。チューリングはこのことによって計算とアルゴリズムの関係を明らかにしました。あらゆる数学的問題は一定の手順に従って計算するアルゴリズムさえ分かれば、送り戻しが自由に出来きる紙テープと、書き込み・読み出しが出来るヘッドとヘッドから読まれた"1/0"に応じて状態遷移を行うことの出来るマシンを用いることによって、すべて解けることを示しました。チューリングによって提案された計算とアルゴリズムの概念は現在のコンピュータの理論的背景になっているのです。現在の実用的なコンピュータはチューリングの考えを具現化したものだと言えますので、それらはすべてチューリングマシンの一種だと言うことができます。

現代の情報技術の基礎を作ったのは、A・チューリングの他にN・ウィーナー、C・E・シャノン、とJ・フォン・ノイマンが挙げられます。一九四一年にはコンピュータの元祖とも言えるABCマシンが作られました。これはアイオワ大学のJ・アナタソフ準教授と大学院生のC・

ベリーの共同設計によって作られたコンピュータなのでその名を取って ABC マシンと呼ばれています。ABC マシンは真空管とそれを結ぶ配線からなる計算機です。真空管の配列とそれらを結ぶ配線からなる回路を使って計算を行いますので、解くべき問題が異なれば配線をやり直す必要があるという不便なものでした。したがって、実際に使うには大変な労力を必要としました。この煩雑さを画期的な考えで取り除いたのがフォン・ノイマンです。ノイマンは現在のコンピュータのアーキテクチャを作った人であるといえます。彼は蓄積プログラム方式と言われるものを提案しました。それまではある計算のためにはそれに見合ったハードウェアの構造に変えなければなりませんでした。ノイマンは同じハードウェアを用いてもそこで働くプログラムを変えることでいろいろな計算が出来るようなアーキテクチャを提案したのです。汎用のハードウェアを用いて、プログラムを変更することで計算ができるということは、ハードウェアとソフトウェアが分離出来ることを意味しています。このときソフトウェアという概念が生まれたことになります。この誕生にはいろいろなエピソードがあります。アメリカで軍用に開発されていた EDVAC というコンピュータは J・エッカードと J・モークリーによる設計でした。これを設計する時にすでにプログラム蓄積方式は考案されていたのですが、機密を守るために外に発表されることはなかったと言われています。この EDVAC の開発に途中から参加したのがノイマンで、エッカードとモークリーはハードウェアの開発に力を入れていましたので、それを横目に数学者のノイマンはその論理的な側面を纏めあげて、論文として発表したといわれています。そのためにこのアーキテクチャはノイマン・アーキテクチャと呼ばれることになりました。この研究を契機にノイマン・アーキテクチャに基づいたコンピュータの研究がひろがりました。EDVACの開発がもたもたしていたのを尻目に一九四九年にはイギリスのケンブリッジ大学のM・ウィルクスが世界で初めてのノイマン型コンピュータEDSACをつくることになってしまいました。

もともとコンピュータは軍用に供するために開発されました。対空火器の制御は戦闘の実効性にとって大変重要な役割をしますので、最初の応用として考えられたのは弾道を計算することでした。第二次大戦中は多くの数学者や物理学者がこれらの研究のために動員されたのです。この制御で大きな功績を残したのがN・ウィーナーです。彼はサイバネティックスという学問分野を創設したことで知られています。彼はサイバネティックスの定義を彼の著書「サイバネティックス」のまえがきの中で「私達の状況に関する二つの変量があるものとして、その一方はわれわれには制御できないもの、他の一方はわれわれに制御出来るものであるとしましょう。そのとき制御できない変量の過去から現在に至るまでの値にもとづいて、調節できる変量を適当に定め、われわれにもっとも都合の良い状況をもたらせたいという望みがもたれます。それを達成する方法がサイバネティックスにほかならないのです。（岩波：池原等訳）」と表しています。運動を例にとりますと、ある目標軌道があって、その軌道をなぞるように運動を行わせたいときには、目標軌道と実際の軌道の差を取り込んで新たな入力とします。このような操作を繰り返せば目標軌道を達成するように運動を近づけることができることになります。現在の制御法はこのフィードフォワードとフィードバックを用いたものになっていなければ制御は成り立ちませんので、通信と制御は密接に関係しているのです。この通信においてもっとも大きな貢献をしたのが情報理論の父と言われるシャノンです。彼はコミュニケーションには、①情報の送り手が如何に意図をシンボルに変換するのか、②それを如何に間違えずに送るか、③受け手が如何にシンボルから送り手の意図を読み取るかという三つの過程が必要であることを指摘しています。この三つの過程のうち、最初と最後の過程で行われる意図を取り扱う問題は非常に難しいので、この問題はまず置いておいて、二番目の問題であるシンボルを如何に間違えずに送ることができるのかという問題に絞って研究を行いました。その成果を現代の情報理論の基礎となっている「コミュニケーションの数理的理論」に表しています、この論文は世界で一番有名な修士論文であると言われているほど現在の情報理論に取って重要な研究になっています。シャノンはまず情報量の定義を行いました。二本のくじがあり、そのうち一本が当たりくじだとしましょう。その中の当たりくじあるいははずれくじを取り出すために必要な情報量を決めることが出来ます。それを彼は一ビットと呼ぶことにしました。四本のくじでそのうち一本が当たりくじの場合には、当たりくじを取り出すために必要な情報量は二ビットになります。一般に確率 p で起きる事象を確率1で取り出すために必要な情報 I は $I = -\log_2 P$ で表すことが出来ます。このようにしてシャノンは情報のコーディングの定理を導くことによって、現在のデータ伝送でのもっとも重要な概念をつくったのです。シャノンの符号化定理には二つがあって、一つはデータの圧縮方法で、ノイズがない場合にいかに効率よくデータを符号化するかという方法を示しました。このとき最大効率で符号化できる値をシャノン限界といいます。もう一つは伝送している最中にノイズがある場合には符号に誤りが生じますが、メッセージを正しく伝えるには符号の誤りを訂正しなくてはなりません。シャノンは誤りを訂正する方法を示しましたが、これは現在の訂正符号の分野における基礎理論となっています。両者ともデータ伝送において重要な概念でして、後者の場合は符号化されるデータの変化の統計的な性質が予め分かっているということが前提になっています。つまり、ノイズの統計的な性質が予め知られていなければ、データが確率的にどのように変化するのかが計算できないのです。このころウィーナーも通信におけるノイズとシグナルの分離課題を研究していて、シグナル変化の統計的な性質が明らかであれば通信システムの設計ができることを明らかにしていました。さらにウィーナーは通信と制御と統計力学を中心とする一連の問題は統一されるべき問題であることを提唱し、これらの問題を体系化する名前としてサイバネティックスという造語を作ったのが一九四七年でした。このようにノイマン、ウィーナー、シャノンの一連の研究は情報技術の飛躍的な発展にとって基盤的な働きをしました。

これらの研究を契機として、情報技術は飛躍的な発展を見せることになります。ウィーナーが指摘していますように二十世紀は通信と制御の時代で、情報技術の進歩が近代科学技術の発展に大きく寄与しました。とくに、私たちの身辺にありふれているマイクロプロセッサーの発明が現在の情報社会のインフラを支えていると言っても過言ではありません。マイクロプロセッサーを最初に商品化したのはインテル社で一九七一年のことです。このマイクロプロセッサー i4004 はビジコンとインテルとの間で、電卓や銀行窓口端末機などのオフィス機器に用いられるプログラム蓄積方式の汎用 LSI を共同開発することで生まれました。これが日本の嶋正利とF・ファジンの協力によって出来上がったことは有名な話です。このプログラム電卓の開発がきっかけとなってマイクロプロセッサーの開発が始まりました。当時のマイクロプロセッサーの開発競争は熾烈をきわめていて、インテルが最初に商品化したあと、立て続けに数社からマイクロプロセッサーの市場への展開がおこなわれました。ダイオードに始まる半導体はトランジスタを経て次第に集積度を増し、集積回路 (IC) から大規模集積回路 (LSI) へと発展しました。それまでは専用 LSI が電卓に用いられていましたが、プログラム方式を取り入れることが出来るようになって同一の電卓でもって多機能の電卓に変身することが可能になりました。

この発展系として中央演算処理装置（CPU）の概念が作られ、やがて個人使用のいわゆるパーソナルコンピュータ（PC）を生み出すことになります。

パーソナルコンピュータの出現

マイクロプロセッサーの開発が進行する一方で、誰もが使えるコンピュータを構想していたのが、後にゼッロクスのパロアルト研究所（PARC）に移って「パーソナルコンピュータの父」と呼ばれることになる、アラン・ケイです。アラン・ケイはPARCで「ダイナブック構想」を提唱しました。後に持ち運びの出来る小型のパーソナルコンピュータの原型となる「暫定ダイナブック・アルト（ALTO）」を一九七三年に試作し、スモールトーク（Smalltalk）環境下で作動することを確認しました。スモールトーク（Smalltalk）環境は純粋オブジェクト指向プログラミング言語と、それによって記述構築された統合化プログラミング環境を指します。それに加えてウィンドウ型グラフィカル・ユーザ・インターフェイス（Graphical User Interface,GUI）の先駆けとなるユーザーインターフェイスを備えていました。ALTOはチャック・サッカーという天才エンジニアやスモールトーク（Smalltalk）開発にはダン・インガルス、アデル・ゴールドバーグを筆頭とする天才プログラマ達の活躍によって製作されました。もう一つの成果はPARC内のアルトを結んでネットワークを構築したことです。このネットワークのプロトコルを「イーサネット」と名づけましたが、これは今日使われているイーサネットの始まりで、後にインターネットの標準的なプロトコルとなったのです。このようにアラン・ケイの下で先駆的なアルトの開発を行って来たゼロックスでしたが、一九七〇年代末には社内事情から商品化を見送る事になりました。ゼロックスに変わって一九七七年にアップルが実質的に世界初と言える商用パーソナルコンピュータアップルⅡ（Apple II）を発売することになります。その後アップルのジョブズはPARCを二度訪問し、ALTOのデモを見学してALTOと同じようなコンセプトで一九八四年にマッキントッシュ（Macintosh）を発売してパーソナルコンピュータに新たな方向性を提示することになります。一方、アイビーエム（IBM）は一九八一年にアイビーエムPC(IBM PC）を発売し、ビル・ゲイツ等が開発したOSであるDOSを搭載して成功しました。アイビーエムはパーソナルコンピュータを開発する際にオープンアーキテクチャとしたために各社が互換機を発売出来るようになり、アイビーエムPCがPCのデファクトスタンダードになります。そこで用いられたOSがMS DOSです。

　その後、LSIの製造技術の驚異的な発展に支えられ、PCの性能は著しく向上しましたが、それに反比例するようにPCの低廉化が進みましたので、PCが急速に広く普及しました。これと平行して、主としてハードウェアの進歩に支えられて普及してきたコンピュータは互換性をもたせるためにオープンシステム化が進められました。つまり異なるOS間、あるいは異なるベンダー間の標準化によって使い勝手が格段に良くなったのです。これらの成果はより大量の情報をより高速に処理することを目指して行われてきた研究開発がもたらしたものだといえます。現在のPCは機能的にはかっての高性能のワークステーションに匹敵するほどになっています。おおざっぱに言えばコンピュータの処理能力は集積回路上のトランジスタ数におおよそ比例すると考えられます。これまでの経験則として回路の集積度は十八〜二十四ヶ月ごとに二倍になっています。この経験則はインテルの共同創業者であるゴードン・ムーアの論文で述べられたことからムーアの法則と言われています。単純にこれからの十年もこの法則が成り立つと仮定すれば、処理能力は少なく見積もって数十倍、多く見積もれば百倍にもなることになります。もっともムーアの法則は通常使われる法則とは異なっていて、集積回路の微細加工技術が非線形的に急速に進歩したことを意味している経験則に過ぎないので、未来に対して単純に適用出来る法則ではありません。

ハードウェアとしてのマイクロプロセッサーは急速に進歩しました。マイクロプロセッサーは汎用のコンピュータのCPUだけではなく、限られた情報処理のための専用プロセッサーの開発も大いに進みましたので、日常生活の至る所に入り込んでいます。現在の自動車の運転性能は今やマイクロプロセッサー無しには考えられないほど情報技術の進歩に支えられています。一昔前までの機械的な制御から、電子制御に取って代わられているので、いまや車は走るコンピュータと言われるほどです。エレクトロニクスによる制御技術によって乗り心地の良さや燃費の改良などが実現しています。燃費の改良で人気のハイブリッド車は、この制御技術無しには実現しなかったと思われます。もちろんこれからの主流となる電気自動車においてもその中心的な技術を担うことになります。様々な家電製品ももちろんマイクロチップが多く搭載されており、面倒な操作が簡単化されたり、省エネルギーが図られたりしています。これらはいずれも制御技術に依存していますので、情報技術の進歩が無ければこれほどの効率の向上は無かったでしょう。またエレクトロニクスの進歩は産業構造までを大きく変えてしまいました。例えば、産業用ロボットの目を見張る進歩は生産効率を著しく向上させましたので、容易に大量生産が出来るようになりました。先進国では工業製品に関して言えば、殆どの需要を満たす能力はすでに整えられていると言って良いでしょう。また途上国でもデジタル技術は技術移転が比較的容易なので技術格差は瞬く間に小さくなっています。その意味では同じ製品を生産するにはスケールを大きくして効率を上げる方法が有効なので、投資金額の大きさなどのスケールメリットを生かした激烈な市場の争奪戦が行われています。日本は残念ながらエレクトロニクスのハード分野では敗れて、撤退が続いています。

巨大情報技術（IT）企業の出現

産業革命以来、西欧の科学技術が地球的規模で展開されたために、それが世界水準となってきました。その展開の中核をなすのがいわゆるITと言われる情報技術です。情報技術革命と言われるようにそれは強力であるが故に、なかば暴力的であると思えるほど世界をごちゃ混ぜにして一様化しつつあります。そこで起きている問題の多くは、地球的規模で起きている西欧科学技術文化と地域に根ざした文化との衝突によって引き起こされていると言えます。この衝突によって世界が文化的なカオス状態に陥っていると言っても過言ではありません。さらに、この技術が行き渡ることによって本来多様であるべき人間の内部構造をも画一化してしまいかねないところまできているのです。つまり、「人間存在の基盤の不安定化」を引き起こし、今や深刻な危機的状態であると言わざるを得ません。

かつて、日本は漢や西洋の学問知識を学ぶ際に、いわゆる「和魂漢才」、或いは「和魂洋才」といったように、日本固有の精神を持って外国の進んだ技術を日本の技術と融合して新しい技術や文化を創るという意志があったのだと思います。それは西洋の学問知識の枠の中で、ひたすら「キャッチアップして追い抜く」ことをやってきたためです。輸入した技術をひたすら改良して、大量生産技術を磨くことで技術格差とコスト差を作り出し、日本が世界の生産工場としての役割を担うことになりました。この利益を上げるメカニズムによって日本が経済大国になったという成功体験をしてしまいました。この成功体験から抜けきらない日本は、夢よ再びとばかりに情報技術に対しても相も変わらず「キャッチアップして追い抜く」という道をひたすら走ろうとしています。日本は近代化の過程で、繊維産業などの軽工業から鉄鋼業、窯業、非鉄金属、造船、化学工業などの重厚長大産業へと移行し、一九八〇年代からエレクトロニクス、ソフトウェアなどのハイテク産業に移行してきました。しかし、重厚長大産業は発展途上国に譲り、高付加価値産業変転換を図ることとなり、軽薄短小産業もハードの生産においては開発途上国に移転しつつあります。こうして産業構造は経済成長にしたがって、大きく転換していったのです。しかし、この方法は情報技術の場合はうまく行っていないのです。デジタル技術を用いた大量生産技術は比較的移転が容易なので、ある程度の教育水準があれば賃金の安い開発途上国でも造れるようになります。そうしますと情報技術のハード面においては開発途上国でも造れるようになります。この分野では品質的には格差を付けることが難しくなって、コスト競争が主になります。その場合は賃金の安い国々が有利に働きますので、日本は苦戦を強いられるようになったのです。

かつて、一九八〇年代から一九九〇年代のアメリカはいまの日本とよく似た状況にありました。日本は世界の工場と称され、事実品質の良さで世界を席巻していて、アメリカの製造業を窮地に追いやっていました。当時のアメリカの科学技術者は「われわれは生産業から手を引いてしまって、キーボードを叩いているだけだが、これで将来はあるのだろうか」と疑問を投げかける新聞記事が出ているほどでした。DRAM（コンピュータの主記憶装置、デジタル情報機器の作業用記憶）市場を日本に奪われていたアメリカのエレクトロニクス業界はデザインリッチなデバイスに重点を移して、ソフトウェアで世界を席巻するという方向性を打ち出しました。その後アメリカでは、雨後の竹の子のように情報技術ベンチャー企業が生まれましたが、これはインターネット上での双方向通信によって商品の売買やサービスを提供するｅコマースへの期待がふくらみ、関連したITビジネスがアメリカ経済の立て直しに大きく貢献しました。しかし、情報技術ビジネスに過剰な株式投資を呼んで、株価が異常に上昇して情報技術バブル又はドットコム・バブルといわれる状況が生じました。しかし、連邦準備制度理事会の利上げを契機に株価は暴落し、二〇〇一年にアメリカは再び深刻な経済不況に陥りました。これがアイティー(IT)バブル又はドットコム・バブルの崩壊といわれるものです。情報技術バブル又はドットコム・バブルはこのようにあっけなく崩壊しましたが、現在は世界の巨大情報技術企業に成長したマイクロソフト、アップル、グーグルなどは時価総額を損ないながら経営を続けることが出来ました。九・一一の同時多発テロ直後はさらに景気は落ち込みましたが、予測に反してテロ直後からアメリカ経済は回復に向かいました。この頃起業した、グーグル、アマゾンは現在は巨大情報技術企業に成長し、ドットコム・バブルの崩壊前後に起業したフェイスブックやiPhoneやiPadなどのガジェットを次々と商品化したアップルを加えて、いまやその頭文字を取ってGAFAと呼ばれる情報技術巨大産業がうまれました。グーグルは世界の検索エンジンの九十二パーセントを占める独占企業となっており、フェイスブックもSNS利用者を独占する状態になっています。アメリカの広告市場はほぼこの二社に独占される状態になっているといわれるほどになっています。アマゾンは販売、決済、流通、サーバーのプラットフォームになっており、アップルはガジェットやパソコンメーカーであると共にiTuneやアップルストア等を使って販売のプラットフォームを展開しています。すでにGAFAにこれらのプラットフォーマーとしての覇権が握られてしまったので、世界の各企業にとってGAFAは競合企業として存在するのではなくて、利用する企業として存在する道を選択しています。さらにGAFAは情報技術業界以外の事業領域にも手を伸ばし、巨大な資本力を背景に企業・事業の買収（M&A）を繰り返して、自動車、金融、物流、小売業などを展開しています。これには競合企業にとどまらず、世界の各国の脅威になっていると言えます。データをはじめとして情報を独占することが、各国企業の競争力を失わせ、世界の社会構造を変えてしまう力を持っていることを示しています。

　このように、アメリカは情報技術が経済競争のツールとして有用であることにいち早く気づき、いまや情報技術業界の覇権を握ったと言っても良いほどです。それは情報技術の持つ時間的・空間的特長を利用することで、競争の形態を変えさせ、結果的に産業の生産・流通の構造を変えさせることに成功したからです。つまり、競争の新しい土俵を情報技術で作り、その土俵において各国企業を競合させることで、世界の市場経済をリードしていると言えます。つまり、グローバル市場経済の土俵作りのノウハウを経済の上部構造として位置づけ、「物づくり」の産業をこの土俵の中で競争する下部構造として支配するようになっています。この上部構造に関するノウハウを知的所有権として確保することが経済競争において優位性を保つことになりますので、必然的に社会の中心は「物の生産」から「情報の生産」に移ることになっています。これで分かりますように近代科学技術に大きく依存する現代社会は、効率を競うことを余儀なくされてきましたが、現在の情報技術はその競争社会を勝ち抜く大きな武器になっています。

文化と文明のせめぎあい

こうしてみますと、科学技術は近代を創り上げる過程においてきわめて重要な役割を果たしてきたことが分かります。とくに物質的な富を拡大するという点では強力な方法論になっています。社会が進歩したことで近代が創り上げられたとすると、進歩は経済的発展あるいは経済的規模の拡大を意味するようになって、進歩は一種のイデオロギーになってしまいます。本来は科学技術を使って人間の生活を豊かにして、生活の質を上げるために科学技術を磨いてきたはずなのですが、それがいつの間にか経済規模の拡大、利潤の追求が目的となってしまっています。しかも、この目的は自己完結的に設定されていますので、どこまでも追求できるという競争至上主義が蔓延することになってしまいました。企業が自己完結的に、自分たちが収益を上げる目標を立ててしまうと、それは生活者のことを考えてやっているわけではありませんので、必然的に自己完結的な目的と生活者は分離されることになります。

環境問題やエネルギー問題が顕在化するまでは、科学技術は無制限に発展することができると考えられていました。しかし、科学技術の発展、とくに情報技術と物的流通技術の発展は人と人との相互作用の距離を地球的規模に拡大させることになります。現代では世界中の人間の社会的諸活動が密接に関係していて、お互いの活動が瞬時に大きく影響を及ぼしあう状況が生まれています。結果的に近代科学技術の方法論が世界的に広がることになり、世界がますます画一化・均一化される方向に進んでいます。利便性・快適性を増すように発展してきた近代技術が画一化・均一化を推進しましたので、現代社会の様々な複雑で困難な問題を引き起こすことになっています。現代はすでに科学技術の発展を野放しにしておける状況ではなくなってきています。私達は近代技術が無制限にまた個別的に進歩させられないことの認識が欠けていたことを、率直に認めざるを得ません。

これらの現代社会が抱える様々な問題は、科学技術そのものから生じたというより、その背後にある哲学や方法論の問題だと思われます。文明とは人間の技術的・物質的所産を指します。現代における近代科学技術は西欧文明の所産なのです。人類史上、これほどまで一つの文明が世界を席巻した時代はなかったと思います。私達人間は何処でも同じような服を着て、同じような工業製品に囲まれ、同じような食べ物を食し、同じ情報を共有するという環境で生きていくようになっています。文明が多様性を失いつつあるという観点から見ますと、現代は人類の文明史上まれに見る異常な時代だといえます。これに対して、文化は生活様式とその内容を含む、人間の精神的・内面的な生活に係わるものをさします。文化はその土地や場所によって多様な発達をしてきました。人間が同じような環境で暮らしていくことになれば、当然同じような思考様式を取るようになりますから、本来多様であるべき人間の内部構造をも画一化してしまうような危機的状態が生じています。つまり、本来多様であるべき人間の内部構造が人工的な環境によって単純な一様化に向かうように強いられています。この一様化は世界で用いられている言語の数の変化を見れば一目瞭然です。かつて世界には一万五千の言語が存在していましたが、現在では約六千に減少していると言われています。さらにこのままの傾向が続けば、二十一世紀には約三千程度に減少してしまうだろうと言われています。事実、現在書かれている郵便物の七五パーセントは英語ですし、電子化された情報の八〇%は英語で書かれています。

言語は人類が蓄積してきた文化であり、経験してきた思考や知恵を適切に表現する手段です。この言語の多様性が失われているということは、人類の文化資本が減少していることを物語っています。

一様化されますと、人間が本来持っている豊かな生命力を削いでしまう危険性をはらんでいるといえます。したがって、いま進行中のグローバル化が世界を調和的な統合に導く可能性はほとんど無いと思います。地球には資源や環境などのグローバルな限界が存在していますから、グローバル化による対立・競争が世界を危機的状況に陥れて行くのは避けられないと思います。国家間、個人間の格差はますます拡大していくことは避けられません。このまま世界がこのままの方法論でグローバル化の方向に突き進むことになれば、文化の一部に過ぎなかった文明が、逆に包み込んでいた文化を駆逐する状況を生じさせることは疑いようもありません。いわゆる文明と文化が乖離して、世界の多様な文化を破壊してしまうことです。いや、これはすでに進行中で、人類にとって大変深刻な課題になっていると思います。

インターネットと人間

インターネットに代表される情報通信技術は局在化していた情報を遍在化させる技術です。

この技術の進歩によって瞬く間に知識が世界中で共有されるようになり、人々は必要な情報を必要な時に探索することで得ることが出来る様になってきました。調べものをしようとすると大変便利なシステムであることには違いありません。事実、私の周りの若者は何か分からないことがある場合は、考えればすぐに分かることでも、インターネットで答えを探しにかかることが多いのです。課題解決問題でも解答が得られると思って、まず答えを探索します。

問題を探索することで解決しようとする場合に、世界の構造がすでに分かっており、それがすべて記号化されている場合は正しい方法といえます。これはエキスパートシステムなどAIで用いられる方法で、解答となる情報がもともと存在していれば、それは探索することで得ることが期待できるからです。しかし、正解が存在することが予め分かっている場合でも、組合せ爆発がおきて実質的には簡単には探索が出来ないと言う問題もあります。

このような「探索的知」のあり方は探索時間の問題だけでなく、別の本質的な問題があります。インターネットには個人が自由に情報を載せることが出来ます。しかし、個人が勝手にインターネット上に情報を載せたとしても、発信した人の意図を読み取る必要があります。

先に述べましたが、シャノンが指摘していましたようにコミュニケーションには三つの段階があります。第一番目には発信者の意図をシンボルに変換する問題です。これはどのような言語を用いようとも、発信者の能力によって決まりますので、まずこの問題は横においておきます。次にシンボルを正確に送ることがありますが、情報技術の進歩により、これは満足されているとしましょう。第三の段階は受け手はシンボルから送り手の意図を汲み取らなくてはなりません。これらがどうしたら可能になるかということです。情報には記号的側面と意味的側面があります。文章を理解しようとするときに、個々の単語の意味は文章全体に意味が決まらなければ決まらないし、文章全体の意味は個々の単語の意味が決まらなければ決まらないという、解釈学的悪循環の問題があることが昔から指摘されてきました。この問題は「知の創造」とも深く関係していますので、のちに詳しく述べますが、要するに意味を理解するには「コンテクスト」を理解する必要があるということです。その意味ではコミュニケーションが成立するにはコンテクストを共有することが必要になります。インターネットに不特定多数の人が分散して情報を載せて、不特定多数の人がその情報を読むだけでコミュニケーションしようとするのは、そもそも出来ない相談なのです。今現在行っているような、キーワード検索はコンテクスト度の低い情報に対しては有効ですが、コンテクスト度の高い情報に関しては、キーワードだけでは欲しい情報に行き着きません。またインターネット上の情報は、単に存在しているだけでは、真実なのかフェイクなのかも判断が出来ません。玉石混淆の情報の中から、玉を選ぶこともできません。インターネット上の情報はしばしば炎上するのは、発信者の意図が伝わっていないことから起きることが多いと思われます。インターネット上の分散した情報を意味的に圧縮したり、それを自律的に編集したりする方法が望まれます。しかし、現在は意味的な情報を取り扱うことが出来ませんから、それは望むべくもありません。膨大なインターネット上の情報は、もともと多様なのですが、受け手の方がその多様な情報がどんな意図で書かれたものかが分かるようだとインターネットもっと使い易いものになるでしょう。いまのインターネットのように、人間と直接向かい合わなくて、「見たいものしか見ない、聞きたいものしか聞かない」人が増えてしまうと、二極化してしまって、肝心な多様性は低下してしまいます。もっぱらインターネットから都合の良い情報だけしか得ないような情報化社会では、新しい意味を理解したり、伝えたりすることの出来ない自閉的な人間を大量に作り出す危険性もあるのです。

このような問題は世界は複雑すぎて、すべてを記号化することは出来ないことから来ています。それに加えて、存在する情報に過度に依存することの弊害があります。前者の問題は後で議論することにして、現在の情報技術の利用にかかわる問題を考察してみましょう。現在の情報技術は時間を超え、空間を超えて世界的に普及します。つまり、同じ情報が瞬時に遍在化されます。このこと自体は問題とはなりませんが、利用のされかたが同じようになると、このシステムは便利なだけに影響力は大きく、社会構造や生活様式までを一様化させる働きを持っているのです。「探索的知」が世界を支配することになりますと、知の働く対象がひたすらデータベースに向かうことになります。データベースは人間の思考する際の補助手段の一つに過ぎないのですが、様々な問題がデータベースを探索することで解決されるとすれば、思考は省略されてしまうことになります。すると必要な情報をデータベースからいかに獲得するかということが目的となってしまいます。その結果，このような情報は使い捨ての単なる消費財になってしまいます。世界で共通のデータベースをみんなが用いるようになれば、人間の知的活動は単純化され、一様化されることになります。デジタル・デバイドとして問題になったのは、情報技術を利用できる者と出来ない者との情報格差が社会的な格差につながって、二極分裂が起きることを指していましたが、本当の危機はそこにあるわけではありません。

IX　人工知能

人間の知的な活動を人工的に実現しようとするのが人工知能（AI）です。この人工知能（AI）の研究には波があって、現在は第三の波と言われる世界的なブームになっています。しかし、この人工知能の科学技術的な限界を見極めることなく、時には妄想とも思える「万能人工知能（AI）」像が巷間喧伝されて、人間がやっていることがあたかも今の人工知能で可能になるような「神話」が一人歩きしているように思えます。人間の知とは何かを研究するのが科学で、それは法則性を発見する歴史によって創られるものです。一方人工知能は人間の知的な活動を人工的に実現するという技術です。人工知能はこれまでの技術と異なって、人間の知的活動により深く関与します。したがって、この技術を使うに当たっては、それを生んだ背景となる哲学の受容性や倫理、道徳との整合性が強く求められます。いまの科学哲学パラダイムで創られた人工知能に対する反証は数多く存在します。その意味では、いまこそ科学革命が必要となっていると言って良いと思います。このことを念頭に人工知能の歴史を振り返ってみましょう。

人工知能の現在

人工知能という言葉は一九五六年のダートマス会議で生まれました。その後のデジタルコンピュータの発達はコンピュータ上で人間と同じような知能を発現しようという人工知能研究の機運を高めることになりました。人工知能の研究の流れは大きく分けて二つの学派があって、一つは知識や推論を論理で表現し、アルゴリズムを用いて機能を実現する論理計算型人工知能であり、現在のエキスパートシステムや機械学習の研究に繋がっています。もう一つは一九五六年にローゼンブラット（Rosenblatt）が提案したパーセプトロンモデルに始まった、入力データを経験として訓練し、ルールを学習することで問題解決を図るシミュレーション型人工知能です。この方法は一九八〇年代初頭のニューラルネットの一種、ホップフィールドネットワークが提案されるに至って、様々な応用やハードウェア化が図られることになりました。日本でも第五世代コンピュータを開発する目的で「新世代コンピュータ技術開発機構」発足させ、人間の知能を上回るコンピュータを目指して研究しましたが、残念ながら目立った成果は上げることは出来ませんでした。一九八〇年代後半から一九九〇年代前半はファジィ制御やニューラルネットを応用した家電製品が人気となり、第二の人工知能ブームが到来しました。

その後、人工知能は機能的に優れたものが現れなかったために、いったんなりを潜める時期に入ります。しかし一九九七年にアイビーエム（IBM）のディープ・ブルーが当時チェスの世界チャンピオンだった、ガルリ・カスパロフを打ち負かすことに成功したことで流れが変わりました。ここでディープ・ブルーが取った戦略はカスパロフの過去の棋譜を元にした評価関数を導き、効果があると考えられる手筋すべてを洗い出してもっとも評価の高い指し手を選ぶという方法です。人工知能がチェスという知的なゲームで人間を上回ったというこの結果は世界に衝撃を与えました。しかしこれはあくまでもカスパロスに対して効果的であるという限定付きの勝利だったのです。アイビーエム（IBM）は単なるチェスというゲームに勝つことを目指していたわけではなく、コンピュータに問題処理能力、より高速な計算能力、あるいはデータマイニングなどの新展開を目指していて、事実この研究の成果はその後のアイビーエム（IBM）の人工知能の研究に生かされることになります。同じ頃アメリカ国防高等研究計画局(DARPA)はアリゾナでDARPA Grand Challengeを立ち上げ、自動運転車の開発に着手しました。同じ年に日本では保木邦仁による将棋ソフト「ボナンザ」がプロ棋士と伍して戦えることを示しました。またニューラルネットに大きな進歩が見られ、ディープラーニングの方法が提案されたのもこの頃です。

　その後の人工知能研究は期待を込めて大きく広がりを見せ、国防高等研究計画局（DARPA）では神経系を模したコンピュータ「SyNAPSE」の研究に着手しました。IBMは論理計算型の人工知能を発展させたワトソン（WATSON）がクイズ番組「Jeopardy!」で人間チャンピオンに勝利し、グーグルはディープラーニングを用いて自律的に表現学習が可能であることを示しました。いわゆる「グーグルの猫」と呼ばれるものです。これは多層のニューラルネットにおいて従来は特徴抽出はヒトが設計して、特徴量を計算し分類を学習する方法であったのに対して、特徴抽出を設計すること無しに、特徴を一緒に学習できる学習方法を考案したことによって、教師無し学習に成功しました。ディープラーニングは、多層ニューラルネットワークで、入力信号のパターンをそのまま出力するように自己相関学習する方法論で、多層化することで非常に高いパターン認識能力を獲得することに成功した機械学習の一種に過ぎません。これは出来るだけ人間が係わる部分を減らし、コンピュータがパターンを自律的に特徴空間で分節化しますので、これまでとは質的に異なる学習パラダイムになっています。ディープラーニングは性能の圧倒的な向上をもたらしましたが、一方では膨大なデータの学習を必要とします。ちなみに「グーグルの猫」では一千万枚の猫が入った画像データを用いて、十六コアのコンピュータ一千台を並列に三日間フル稼働して学習させました。このディープラーニングの計算には膨大なパラメータを学習したり、ネット構造のチューニングをしたりすることが欠かせませんので、実用に当たっては大規模並列計算を可能とするコンピュータパワーのさらなる飛躍的な発展が欠かせません。

これに触発されてか、人工知能研究は幅広い分野に応用が試みられています。とりわけ、人間の知的な活動と見られるチェスや将棋などのゲームにおけるソフトウェアの完成度はめざましいものがあります。将棋は確率空間（取り得る場合の数）が十の二百二十乗、囲碁は十の三百六十乗とも言われていて、無限定とも言える膨大な確率空間です。無限定とは言っても、原理的にはすべての空間は数え上げることが出来ます。空間が狭ければ今のコンピュータの能力でも全探索をすることが出来ますから、比較的空間が狭いオセロでは必勝法が確立していま す。つまり、チェス・将棋・囲碁などは探索空間が膨大とはいえ、原理的には有限なので、全探索が出来れば、必ず勝つ道筋は見つかるのです。しかしながら、探索空間が広すぎれば、全探索は出来ませんから、ユニークに必勝法が求まりません。現在は次善の策として、その場面で考えられる手の内で相対的に勝つ確率の高い手を選ぶことが行われています。この確率的推論に必要なことは、次の手を相対的に比較出来るような評価関数を求めることです。この評価関数の善し悪しがそのソフトの善し悪しを決めることになります。一九九九年にIBMのディープ・ブルーが当時のチェスの世界チャンピオンのカスパロスに勝ちましたが、その時は、チャンピオンであるカスパロスの過去の棋譜を徹底的に解析し、彼に特化した評価関数を作ることで勝つことができたのです。したがって、世界の強者が集うチェスの世界選手権では、このソフトが大会で優勝できるるという汎用性はありませんでした。IBMは単なるチェスというゲームに勝つことを目指していたわけではなくて、コンピュータにより高い問題処理能力、より高速な計算能力、あるいはデータマイニングなどの新展開を目指していました。この研究の成果はその後のIBMの人工知能の研究に生かされることになります。またこのころ、ニューラルネットに大きな進歩が見られ、ディープラーニングの方法が提案されました。これがその後の人工知能の発展に大きく寄与しているのは広く知られていることです。しばらくして日本では将棋ソフトが急速に力を付けてきました。日本では保木邦仁による将棋ソフト「ボナンザ」がプロ棋士と伍して戦えることに成功しました。チェスも将棋も原点はインドにあると言われており、それがヨーロッパに渡って発展したのがチェスで、中国、韓国等を経て日本に渡って将棋となったと言われています。将棋ソフトの善し悪しも評価関数の善し悪しで決まります。そのために、これまでに行われたすべての将棋の棋譜を参考にして、その場面の駒の配置から駒の働きを評価する評価関数を作っています。読む手数はコンピュータの能力によって限りがありますが、評価関数の作り方はソフトの作成者に任されているのが現状で、そのためソフトにも長所や弱点があって、人間らしさがまだ残っています。それでもすでにプロのトップ棋士を打ち負かせるほどになっています。

囲碁の場合は、探索空間が十の三百六十乗と言われるほど、途方もなく大きいことと将棋やチェスは王を詰むと言う絶対的な目標があるのに対して、囲碁の場合は陣地の取り合いという相対的なゲームです。そのために対処方法が難しいので、囲碁のゲームソフトがプロ棋士に対抗できるのはずっと先のことだと思われていました。しかしグーグル傘下のディープマインド(Deep Mind)の囲碁のソフトウェアであるアルファ・碁(Alpha Go)はヨーロッパの囲碁のチャンピオンを圧倒して勝利したばかりでなく、紛れもなく現在世界最強棋士の一人である韓国のイ・セドルにも圧勝してしまいました。これはチェスでIBMのディープブルーが世界チャンピオンに勝利した時以上の衝撃を世界に与えました。アルファ・碁はディープラーニングに加えて、強化学習（Reinforcement Learning）と確率的な探索（Monte – Carlo Tree Search）を併用した複合的なシステムとなっています。複合的なシステムになったのは、将棋と違って、打つ手筋に対して評価関数を作ることが、困難であったことによります。それは先述したように囲碁は相対的な陣地取りのゲームなので、将棋やチェスのように評価関数を作ることが難しいためです。そのためにモンテカルロ法を用いて、ランダムに手筋を作って、勝敗が決着するまで行ない、勝利した手筋を選択して残すという方法を取りました。囲碁では最善手と次善手の価値の差が小さいので、それらを比較して区別できるような評価関数が必要だったためです。アルファ碁では確率的な評価関数を作る際に、モンテカルロ法を用いてランダムに探索を行ない、次に勝ち残った候補同士を戦わせて、強化学習を行うことで評価関数を作ることになります。もっとも、アルファ・碁の最初の段階では人間の棋譜を読み込ませて学習を行うことをやっていましたが、二〇一七年に発表された最新のアルファ碁では、人間の棋譜を一切使わずにルールだけを教えて、あとはアルファ碁同士を戦わせて、学習する方法をとっています。これは以前のアルファ碁に対して負けなしの状態だということです。

ディープラーニングやゲームソフトの成功が、過剰な期待をAIに与えてしまっていますが、その原理的な限界を明らかにしておくことも必要でしょう。囲碁の場合、先に述べたように確率空間が十の三百六十乗と途方もなく大きいので、これは確率的には無限定であると言って良いでしょう。原理的にはこの空間はすべて数え上げることができますので、理論的には必勝法が存在しますが、存在することと知ることができることとは異なります。アルファ碁は、コンピュータの利点を生かして、いかに空間が大きくとも無限試行を行えば、必勝法に近づけることを示しました。この方法論は生物の世界におけるダーウィンの「自然選択論」に良く似ています。つまり、モンテカルロ法はゆらぎを起こすことに対応します。自然界では生じたゆらぎの中で環境に適したものが生き残るという適者生存が「自然選択論」ですが、アルファ碁では勝利したソフト同士を戦わせ、強化学習で勝ち残る手筋を残します。この操作を限りなく繰り返して、探索空間に確率的な重みづけ行います。繰り返しますが、この方法は探索空間が大きくても有限である場合に限って成り立ちます。このように囲碁や将棋の世界でソフトが勝利できるようになったのは、ひとえにコンピュータの能力が飛躍的に進歩したことと、試行する時間やそれを記憶する容量の制約が無いことによります。つまり、ここで行ったのは全探索に等しい力業であり、評価関数とは言ってみたものの、私達が通常使用する意味とか価値という「質」は関係のないもので、確率的なものです。つまり、アルファ碁は意味とか価値を捨て去り、探索的知に徹底することで得られた結果である。イ・セドルとアルファ碁の棋譜をみたあるプロ棋士は、アルファ碁が新しい大局観を得たように見えると言いましたが、それはその棋士が大局観を棋譜から感じただけで、アルファ碁が大局観を獲得しているわけではありません。しかしここまで来ますと、人間は逆立ちしてもこの究極まで進化したソフトに勝つことはあり得ません。

これで分かりますように、世の中には二種類の無限定があります。一つは今見てきたような確率的な無限定です。これは囲碁のゲームのように位相空間がいかに大きくとも、規定出来るから生じる無限定になります。この場合は目的を設定しさえすれば、いつかは必ず目的を達成するベストの解がユニークに決まります。もう一つの無限定は、実世界のようにダイナミックに、しかも予測不可能的に変化する場合は、ゲームのように位相空間が原理的に規定することができませんので、本質的に無限定な世界となります。つまり、実世界は部分的な情報であるとか不完全な情報しか得られない世界なのです。したがって、人間が囲碁をやる場合とゲームソフトが囲碁をやる場合では、状況が全く違うことが理解されたのではないかと思います。確率的無限定である将棋や囲碁などのゲームに対して、有限の記憶容量と有限の時間を生きる人間にとっては、十の三百六十乗といわれる全位相空間を把握することは不可能なのですから、囲碁や将棋は人間にとっては本質的な無限定問題となります。つまり、人間はどんな場面であっても必ず勝利する手筋を手にすることなどはできませんので、定石であるとか大局観など勝利に至る美的感覚を磨くことで対処しているのです。これは一人一人がすべて異なる価値観を持っていることをしめしています。したがって囲碁や将棋のソフトがいかに人間を凌駕したとしても、個性があり多様性がある人間同士の対局の面白さは些かも削がれることはないと思います。

人工知能の知

現在のデジタルコンピュータのベースとなっているチューリングマシンは一九三六年に発表されています。そこでは、アラン・チューリング は数学の形式体系は簡単なデバイスからなるマシンの動作に置き換えられることを示し、計算とアルゴリズムの関係を明らかにしました。あらゆる数学的問題は一定の手順に従って計算するアルゴリズムさえ分かれば、送り戻しが自由に出来きる紙テープと、書き込み・読み出しが出来るヘッドとヘッドから読まれた〈1/0〉に応じて状態遷移を行うことの出来るマシンを用いれば、すべて解けることを示したのです。現在の実用的なコンピュータは基本的にチューリングの考えを元に具現化していますので、今使われているコンピュータはすべてチューリングマシンの一種だと言うことが出来ます。チューリングはまた「人工知能の父」とも呼ばれていますが、既に述べましたように人工知能という言葉自体は一九五六年のダートマスで生まれたとされています。チューリングは一九五〇年

図9

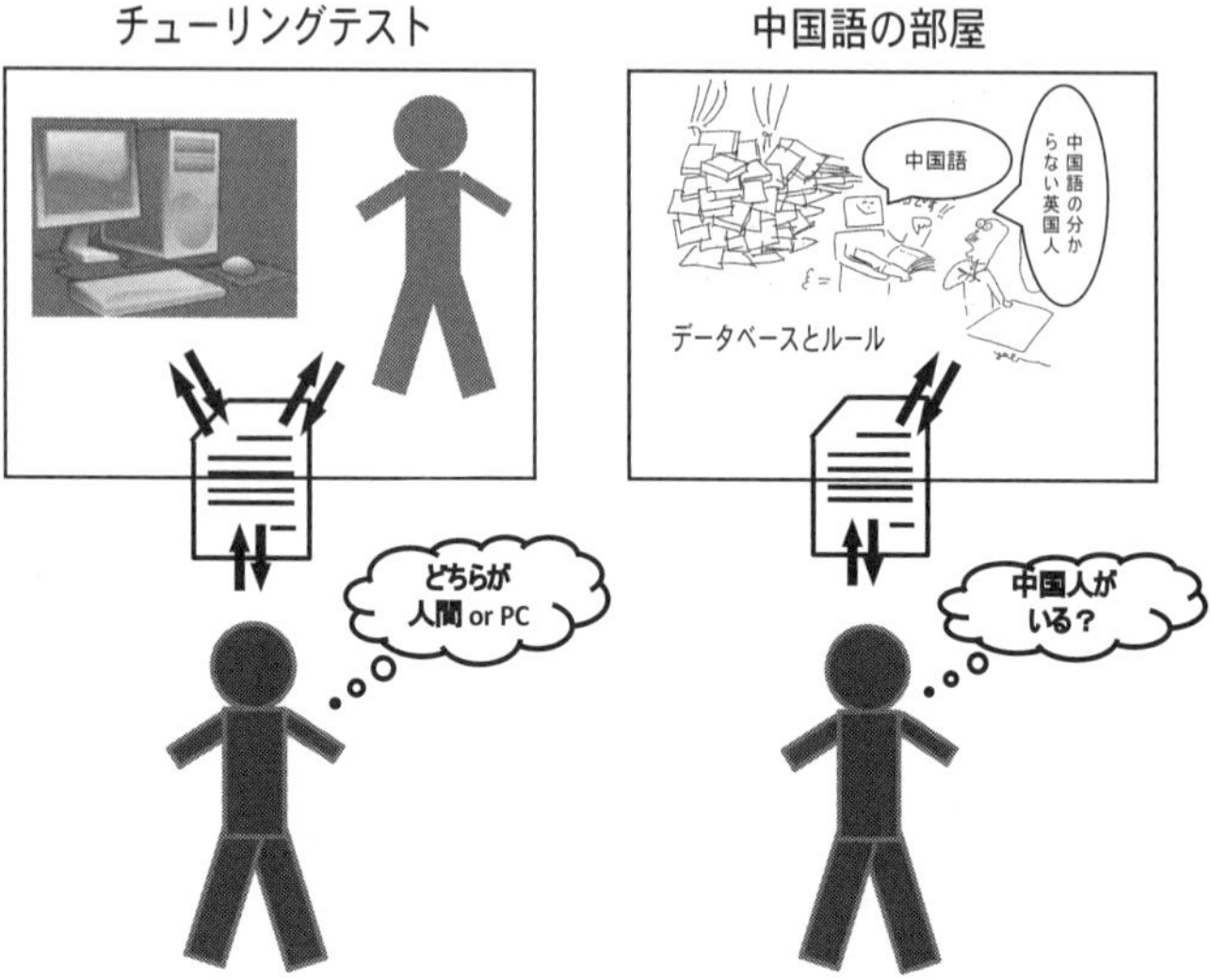

に「計算する機械と知性（Computing Machinery and Intelligence)」という論文を書いています。それが人工知能の古典的論文として広く知られています。入力と出力の関係は内蔵されているプログラムに従って行われます。プログラムがすでに命令表として内蔵されていて、この命令表に従って内部状態が変化して出力されます。このプログラムの基となるアルゴリズムは科学の法則に従って作られます。現在の自然科学は物質科学の世界で作られたものですから、その方法論は、他と干渉しない境界で現象を切り取って対象化し、そこで「秩序の継時的変化の法則性」を求めるのは同じです。これは一様な空間と一様な時間における法則性を求めていますから、自他分離

の方法論であると言われます。自他分離の方法論では、環境変化とシステム変化の時定数は分離していることが条件になっていますので、システム変化の計算速度はリアルタイム性は保証されていません。脳がチューリングマシンの一種であって、「計算機で原理上解ける問題」がチューリングマシンで解ける問題」であれば、原理的に機械に知性が存在しうると考えられます。知性を論じようとすると、自己が自己について記述したり、自己を表現したりすることが必要となります。これを自己言及と言い、自己言及性を自他分離の論理学で取り扱おうとしますと、たちまち自己言及のパラドックスに陥ってしまいます。Turing は機械に知性が存在することを直接論理的に示すことが困難であることを意識したかどうかは知る由もありませんが、理論的に知の存在を立証するという方法をとる替わりに、模倣ゲームを使うことで、自己言及のパラドックスを避けています。実に巧妙というほかありません。まず仮に一人を女性、もう一人を男性として、第三の人間を質問者としましょう。このゲームでは、質問者は女性、男性のどちらが女性で、どちらが男性かを当てて正解を競います。男性はなるべく正解されないように、常に質問者を騙すようにふるまうとします。男性又は女性という人間としての属性を隠すために質問のやり取りの会話は、同じタイプライターを使って紙に書いた文字だけで行います。二人が人間であるときの質問者の判断と、二人をコンピュータに代えた場合の質問者の判断との間に変わりがない場合は、そのコンピュータは思考していると言って良いのではないかというのが、チューリングの提案です。注目しておきたいのは、この模倣ゲームの場合は、コミュニケーションにおける人間と機械の振る舞いを比較するだけで、機械の構成は直接やりとりする文章には関係しない設定になっています。さらに、模倣ゲームは変形されて、知能の存在の当否を判断するチューリングテストが提案されていて、このテストではコンピュータが質問者を如何に騙せるかが、判定の基準になっています。これで分かりますようにチューリングマシンが知能を持つことを理論的に立証しているわけではありません。理論的に立証する困難さを回避して、問題を模倣ゲームにすり替え、コンピュータが人間を騙せるかどうかで知の存在が証明できるという論法になっていますので、厳密な理論展開になっていないのです。

チューリングテストはいわゆる行動主義の範疇に入るものです。行動主義はシステムを統制した状態に拘束し、刺激（原因）を与えて、その反応（結果）を観測する手段を用います。行動主義は二十世紀のはじめにワトソンが提唱した「すべての行動は反射であるとして、行動を観察するだけで原因と結果を結ぶ法則性が分かる。」というものです。つまり、心的過程を排除した機械論的な方法論です。行動主義の特徴は行動の研究が科学的であるという立場をとっています。そこでは精神的なものは排除して、あくまでも客観主義に徹する立場を堅持することで、行動の機能的側面を明らかにしようとしています。その後、行動を通じて認知のメカニズムを明らかにしようとした行動主義では限界があるという反省から、認知のメカニズムを情

図10

スパコンは脳にはかなわない

スパコンは硬い論理と逐次計算

- 環境を含めて正確にモデル化が可能
- それを解くアルゴリズムが存在する
- 解くために必要な完全な情報がある

} コンピュータは万能

しかし
複雑な多自由度系では幾何級数的（非線形的）に計算量が増えるだけでなく、**そもそも実世界は正確にモデル化が出来ない**

- 速度を上げるには
  クロック周波数を上げるか
  マルチコア化
  } ⇒線形的増加
- しかも、**環境が変わればリセットが必要**

⇒　リアルタイム性は欠如

従来方式の限界

報処理の観点から明らかにすることが必要だとする認知科学が発展しました。これが現在の心理学の方法論となっています。このことからも分かりますように、チューリングテストでは情報処理の観点を欠いていますから、人間の知的活動を判断

する方法としては不十分な方法論になっているのです。彼の論文「Computing Machinery and Intelligence」には、様々な観点からチューリングマシンに「知性」を持たせることが出来ることを論じていますが、結論としては、この方法論では知の存在を証明することが出来ませんので、これ以上立ち入らないことにします。つまり、チューリングマシン上に人間の知性を実現することが可能であることを示すこととチューリングテストでそれを判断できることとは無関係なのです。

「計算する機械と知性」を書いた当時、チューリングは本当に機械が人間の知性を追い越すようなことが次の千年のうちには確実に起きるだろうと予想しています。この根拠の一つとなったのはデジタルコンピュータの存在です。デジタルコンピュータは離散状態機械に分類されます。離散状態機械は取り得る状態、状態推移の規則、各状態からの出力が明確に定められています。機械の初期状態と入力信号が分かれば、状態推移の表を元に、未来のすべての状態を予測することが出来ます。この意味でデジタルコンピュータは万能です。チューリングは現状（当時）では実現は無理だとしても、デジタルコンピュータで脳をシミュレートすることは可能であると確信していたふしがあります。というのは真／偽の二値を取る離散的な命題によって組み立てられる論理的なすべての問題は、デジタルコンピュータで完全にシミュレート出来るためです。思考する機械を作る試みは、私達自身がどのように思考しているのかを明ら

図11

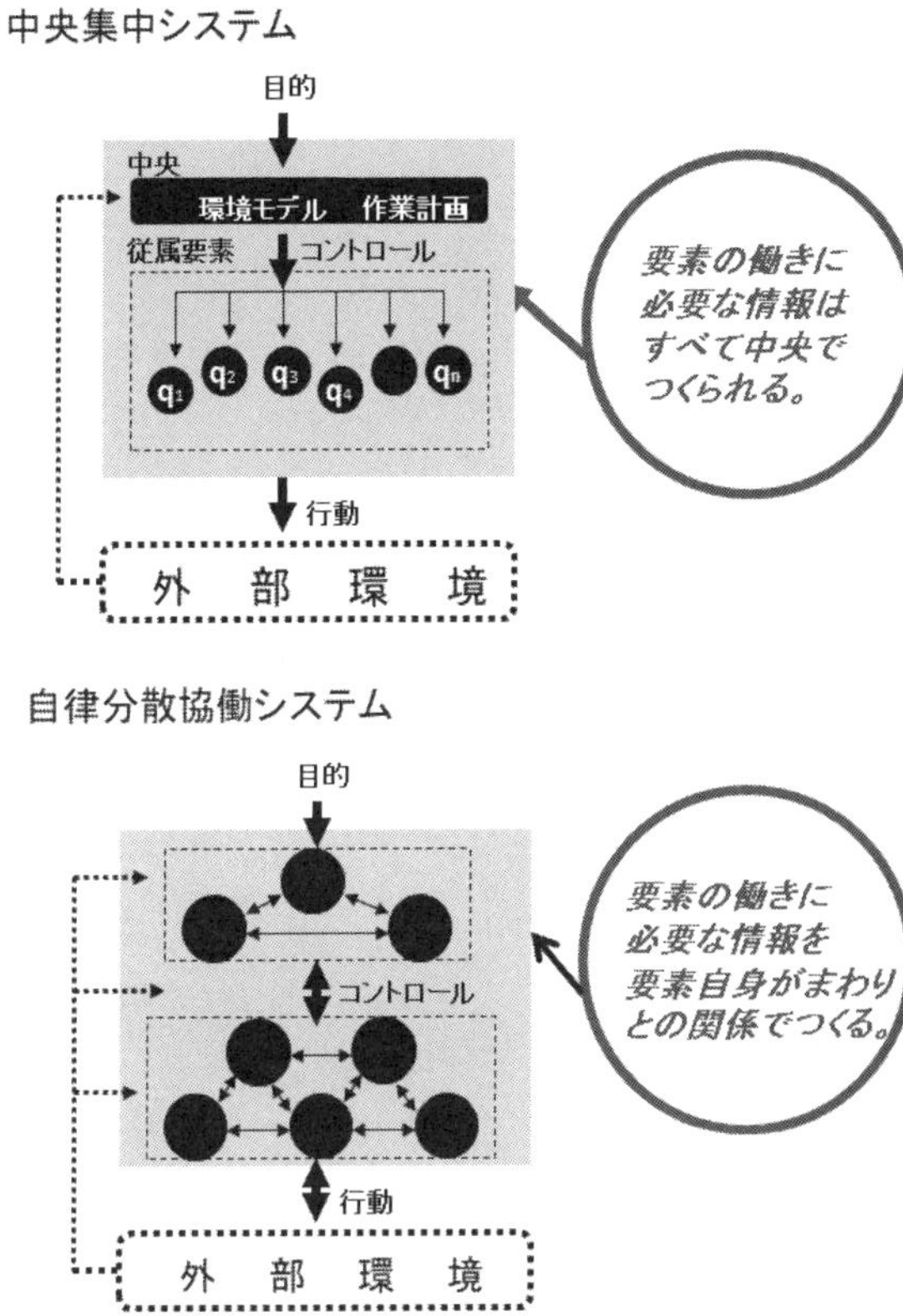

かにするのに非常に役に立つものだと信じているとも述べています。

チューリングが「計算する機械と知性」を書いてから七十年近く経過しようとしています。この間、行動主義は認知脳科学に取って代わられ、また適応脳科学に代わろうとしています。しかし、現在の人工知能（AI）の研究は「知の存在証明」とは無関係に進められています。人工知能（AI）の研究は深層学習と機械学習の組み合わせに過ぎませんグーグルのディープマインドのアルファ碁が世界の並みいる一流棋士を次々になぎ倒したことから、人工知能（AI）は人間を超えたと宣伝する人がいます。また深層学習や機械学習を使って人工知能（AI）の研究を行っている研究者の間には二〇三〇年、あるいは二〇四五年には人工知能（AI）が人間を超えるシンギュラリティ（特異点）が出現するという無責任な議論をする人もいるほどです。なぜ無責任かと言えば、深層学習や機械学習は機械に知は存在していませんし、人間の思考法とは似ても似つかないものだからです。アルファ碁はインテリジェンスをかなぐり捨てて、一様な確率空間での探索問題として組み立てたから勝利したのであって、これは人間の知性の勝利と言うよりは、むしろコンピュータパワーの勝利だと言えます。したがって、この方法論を如何に進めたからといって、チューリングが期待したように「私達自身がどのように思考しているのか」を知ることは出来ません。

人工知能におけるフレーム問題

時空間的に複雑で予測不可能的な変化をする実世界における認識や制御の問題は近代科学

技術にとっては未踏の領域です。なぜならば、近代科学は二元論の立場で構築されていますので、すでに述べましたように対象とする現象は他の現象と干渉しない境界で切り取ることができるというのが前提になっています。また、現象をとりまく環境は時間的に一定であることが必要条件となっていますので、環境変化が現象の変化にくらべて十分ゆっくりしているか、もしくは現象の変化より十分速くて統計的な平均が取れて定常と見なせる場合に限られています。これまでは表象主義に基づく方法論が主として展開されてきました。つまり世界モデルを自他分離的にシステムに入れて認識・制御を行う方法です。認識問題においては、ルール（IF……THEN……）に基づいて構成した知識データベース、いわゆるエキスパートシステムにより問題を解決する方法を取ってきました。しかし、この方法の限界は実世界と常に相互作用をするロボットの制御問題に端的に現れてきます。

この方法論を用いて実世界で動くロボットを制御しようとしますと、複雑な環境をロボットに取り込むことができるような環境のモデル化が必要となります。つまり、環境が複雑であってもそのモデル化が可能であって、ロボットの内部モデルが常に分かるという前提が満たされている場合に限って、ロボットは所望の目的を達成することができます。現代ではコンピュータが飛躍的に進歩したこともあって、リアルタイム性こそ保証されないとしても、どんな複雑な現象でもモデル化さえできれば、そのシミュレーションは可能です。シミュレーションの出

図 12

フレーム問題（ＡＩのアポリア）
→ 表象主義の限界

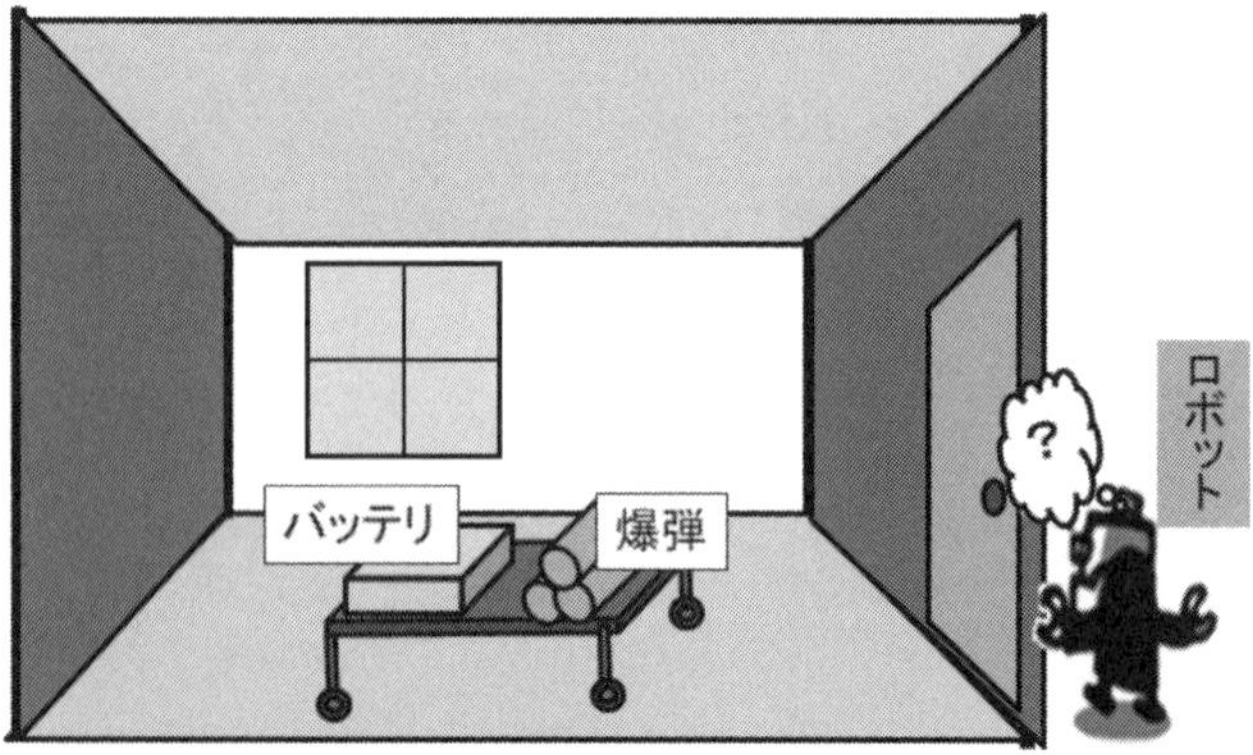

命令は部屋からバッテリーを持ち出すこと；ただし、ワゴンの上に時限爆弾とバッテリーがある

1）ワゴン上のバッテリーと時限爆弾をワゴンごと持ち出す；R1
時限爆弾がワゴン上にあることは知っていたが、ワゴンを持ち出すと爆弾も一緒に持ち出すことに気づかず。副次的事項を理解せず。

2）周囲の状況の記述し、それからの帰結を演繹；
演繹ロボット R1D1
副次的事項を理解するロボット。ワゴンの前で動けず。
副次的事項をすべて上げようとして、無限の時間を要した。

3）周囲の状況の記述し、関係が無しの帰結が分けられる；分別ある演繹ロボット R2D1 部屋の前で動けず。目的と関係のない事項をすべて洗い出そうとして無限に思考した。

力が制御情報であるとすれば、ロボットを実世界で制御するためにはコンピュータに取り込める外部モデルを限りなく実世界に近づけることで可能になるように思われます。実世界をモデル化して、そのモデルが実世界で有効に機能するためには、環境に関する完全な情報が必要となります。ロボットが砂浜を歩く場合を考えてみましょう。その場合は環境である砂浜をモデル化しなくてはなりませんので、砂浜の起伏の形状や物性に関する情報が予め必要です。しかし、砂浜は風や雨など天候によって時々刻々変化しますので、予め計測していても役に立ちません。環境が複雑であればあるほどモデル化する場合の数が増えますので、正確にモデル化をしようとすれば、それこそ無限の場合分けが必要となります。つまり、世界を予めモデル化する試みはこのような予測限界、観測限界が存在するために成功する見込みがありません。

それでもコンピュータパワーが増大すれば、環境の複雑さを予め全て数え上げてモデル化しておいて、その中から状況にあったものを選択すれば可能になるのではないかと思われます。これを実行しているのがディープラーニングを用いた今はやりの人工知能です。しかし、このように表象主義に基づくモデル化によって問題を解決しようとすると、依然としてフレーム問題といわれるアポリアを抱えることになります。フレーム問題がどのようなものかに関する解釈は一義的ではありませんが、フレーム問題とは表象主義による実世界のモデル化と深く関係した問題です。フレーム問題としてよく引き合いに出されるのがダニエル・デニットの例題ですから、これを簡単に紹介しておきましょう。設計者がR1と名づけたロボットはバッテリーの電気で動いており、バッテリーの残りが少なくなったのでバッテリーを交換する必要に迫られていたとします。予備のバッテリーは鍵のかかった部屋の中に置かれているので、部屋の鍵を開けてバッテリーを持ち出してくる必要があります。R1は無事にバッテリーを時限爆弾が爆発する前に部屋から持ち出すことに成功しましたが、不幸なことにバッテリーは時限爆弾と同じワゴンの上にあったのです。R1はワゴンの上に時限爆弾があることは分かっていたにもかかわらず、ワゴンごとバッテリーを持ち出してしまったのです。R1はワゴンを運び出すと爆弾も同時に運び出すことになるという副次的に発生する事柄に気がつかなかったために、運び出した後に爆弾が破裂するという不幸な結末が待っていたのです。そこで設計者はこの悲劇が副次的に発生する事項が考慮できなかったためであると考え、今度は副次的な事項も考慮することが出来るロボットR1D1を作りました。ところがロボットR1D1は部屋に入りワゴンの前に立つことには成功したものの、ワゴンの前に立ったまままったく動かなくなってしまいました。副次的に発生する事柄を無限に考え出したためです。たとえば「爆弾が破裂すると壁が壊れるのではないか」、「ワゴンを動かすと床が抜けるのではないか」、「車輪のゴムが劣化していてワゴンを動かすと車輪が壊れるのではないか」等々、考えているうちに爆弾は破裂してしまったのです。設計者はこれは関係のないまたは関係の薄い事柄まで考え出したから時間が掛かったのだと考え、これを教訓に副次的に発生する事柄で関連のないものは無視し、バッテリーを持ち出すことに関係があるのが分かるロボット R2D1 を作りました。ところが今度は R2D1 は部屋の前に立ちすくんで動けなくなったのです。関係のあるものを選び出すには無関係な事柄を含めたすべての事柄を振り分ける必要がありますので、膨大な時間が必要となったわけです。このように実世界において人工知能で、ある命題を実行しようとすると、命題の直接的な帰結だけでなく無数の副次的な出来事が起きる可能性があります。すべてを考慮すると無限大の時間がかかります。つまり、実世界で起きる事象をすべて数え上げて、有限時間内に処理をすることは不可能であるということ意味しています。あらかじめ、関係したフレームをいくつか用意しておき、限定した空間だけを探索すればよいようにする試みはいくつもありますが、実際上はかんばしい成果は得られていません。それは今の人工知能の研究者が人工知能の科学技術的な限界を見極めていないことに起因しています。

残念なことに、人工知能研究者が時には妄想とも思える「万能人工知能（AI）」像が巷間喧伝していることです。そのために、人間がやっていることがあたかも今の人工知能で可能になるような「神話」が一人歩きしているように思えます。今の人工知能が抱えている「フレーム問題」という極めて深刻なアポリアは、意味論の入らない情報論で処理する限り解けない問題なのです。有効な人工知能として実世界で機能するにはこの限界を超える必要があるのです。

表象主義の限界

ブルックスは表象主義における内部表象が役に立たないという理由で、その役割を否定して世界を予めモデル化することなく実世界の中で機能するロボットを目指しました。いわゆる行動ベースの方法論です。ロボットが実世界と直接相互作用することで、行動を誘発し、制御する方法論になります。ブルックスは具体的には、昆虫の行動を参考にして、行動を制御するシステムを階層構造で構築しました。最下層は障害物に出会った時に回避する回避層、その上の階層はランダムに動き回る回遊層、上位の階層は探索層からなり、上位の階層が下位の階層を抑制あるいはオーバーライト出来るように構成しました。つまり上位の階層が下位の階層を包摂するように行動機能を制御することから包摂アーキテクチャ（サブサンプション・アーキテクチャ）と呼ばれます。これは内部表象を否定しておりますので反表象主義といわれる方法論です。複雑な環境をモデル化すればモデル化にしたがった行動パターンが発現するだけですが、ブルックスの方法論はモデル化する必要がないために、表象主義的な方法論に比べて環境変化に合わせて豊富な行動パターンを発現することができます。しかしながら、何を探索するのかといったことや、経験や学習にもとづいた高度な行動パターンは発現することはできませんので、内部表象を重視する研究者からは「インセクト・インテリジェンス」と揶揄されたこともあります。昆虫の名誉のために弁護しておきたいのですが、昆虫は学習や記憶にもとづいて高度な行動を発現することが出来ますので、決してブルックスが提案したアーキテクチャのように反射的な行動だけで生きているのではありません。内部表象による方法は複雑な環境を単純化しないことには適用できませんので、複雑な環境との乖離が生じますし、ブルックスのような反射的な方法論では生命システムの「知」が取り扱えなくなります。

もう一つ人工知能の利用として今日自動車産業、情報産業がしのぎを削っている課題に自動車の「自動運転」があります。人工知能と言ってもほとんどがルール（IF・・・THEN・・・）に基づいて構成した知識データベースを使って制御していますから、表象主義に基づく方法論が基盤となっています。すなわち世界を全てモデル化できるという立場です。その上、知識ベースのデータベースは功利主義的に作り込まれています。この表象主義と功利主義が結びついて、自動運転をしようものなら、とんでもないことが起きかねません。世界をモデル化しても実世界で有効に機能しないのは、私達が手にしている自然科学が実世界の変化に対応できるような論理構造になっていないためです。自然科学で明らかにしてきた物理法則は「因果律に基づく一意的な時間・空間における事象の記述」です。そこでは、境界条件、初期条件、それにパラメータが予め決定できることが必要になります。これらの情報が揃って初めて時間発展が記述できることになります。ロボットが望む機能を実世界で発揮するためには、予め想定した世界、つまりモデル化した世界が実世界と一致することが前提となっているのです。今手にしている物理法則である因果律を用いてシステムの時間発展を記述するには、システムと環境に関する完全な情報が必要ですが、実世界ではこの完全な情報を得るのは不可能なのです。「自動運転」の研究者は、街中の混合交通のような複雑な環境での実現はまだまだ先のことだと言います。言い換えれば、比較的シンプルな環境である高速道路等では、実現は間近だと主張します。果たしてそうでしょうか？ 自然科学の方法では、一意的な時間・空間では因果律が有効です。特に科学ではチャンピオンデータがその有効性を主張します。「自動運転」の場合はチャンピオンデータでは意味が無いのです。ある条件が揃ったところで上手く運転できました、というだけでは自動運転の免許証を与えるわけにはいきません。その意味では観測限界が厳として存在します。高速道路等の比較的複雑性が小さい環境でも自動車を取り巻く環境は予測不可能的に変化しますし、他の車や天候変化によって絶えず変化する環境から完全な情報を得るのは不可能です。このような場合を全てモデル化することは不可能なのです。つまり、予測限界、観測限界が存在する実世界の中で、リアルタイムにシステムを制御したり認識したりするのは、知識ベースのデータベースによる方法では心許ないのです。

仮に知識ベースのデータベースが有効であるとしても、フイリッパが提案したトロッコ問題と言われるアポリアが存在します。トロッコ問題と言うのは線路を走っていたトロッコが制御不能に陥って暴走を始めました。このままトロッコが暴走すると、前方にいる線路の保安員五人が避ける間もなくひき殺されてしまいます。線路の脇には分岐機があって、そばにそれを使うことの出来る人がいるとします。線路はその人 の前で分岐しており、その先の線路上にはやはり別の保安員がいます。

分岐器のそばにいる人が分岐機を操作して分岐線にトロッコを誘導しますと、保安員がひき殺されてしまいます。直進すると五人が死にますが、分岐させて進路を変えれば一人が死にます。さて分岐器のそばにいる人はどうすべきでしょうか？功利主義的に見れば、五人が亡くなるより一人が亡くなる方がみんなにとって利

図 13

トロッコ問題；
ＡＩは功利主義的に解決するのか？

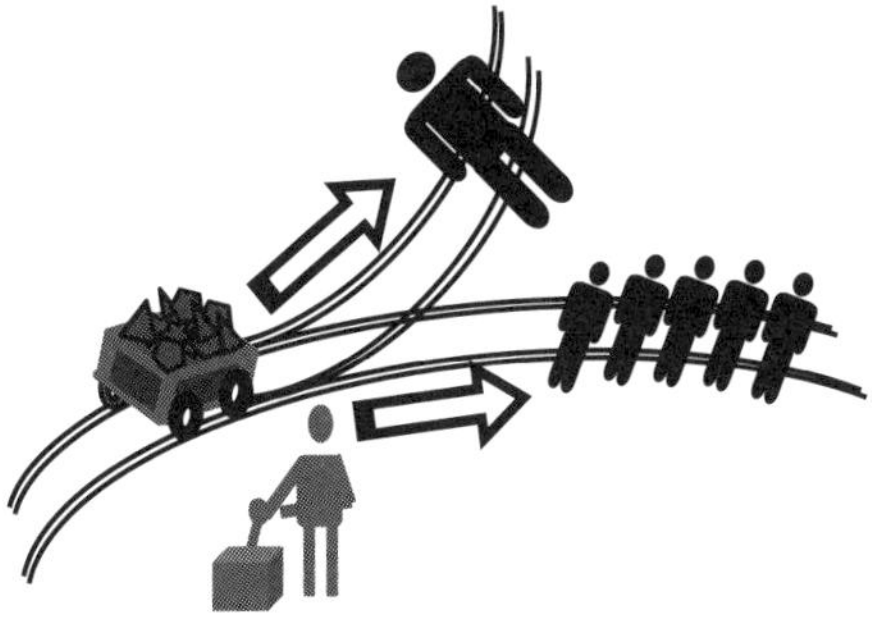

線路を走っているトロッコが制御不能になった。
このままでは、線路上で作業中の５人がトロッコに轢き殺されてしまう。あなたは線路の分岐器の近くにいて、トロッコの進路を切り替えれば５人は助かる。だが、切り替えた先には１人の作業員がいる。

◎５人を助けるために１人を犠牲にしていいのか？

◎そのまま見過ごすべきなのか？

デビット・エドモンズ著
「太った男を殺しますか？」より

益があることになります。類似の問題が自動運転では、議論がされています。少し問題を変えて見ます。分岐器のそばにいる人のところで、線路は分岐していますが、分岐器のそばにいる人のそばには分岐機は無く、保安員が立っていたとします。保安員は太っていて、保安員が線路上に横たわればトロッコの進路は変わり、五人は助かりますが保安員は死んでしまいます。分岐器のそばにいる人が保安員を突き飛ばして線路上に飛び出させるべきでしょうか。この問題は先の問題と同じように暴走するトロッコによって五人死ぬ方を選ぶのか、一人死ぬのを選ぶのが良いのかを突きつけています。アンケートの結果では前者は分岐させるべきだという回答が多いのに対して、後者は突き飛ばすのに抵抗があるという回答が多いようです。行為の規範は真善美ですが、功利主義では真善美を考慮した倫理的、あるいは道徳的な解を導くことは出来ません。しかし、自動運転の場合はこのような場面に出会わないとも限りませんので、プログラムにはそんな場合も想定してどのように運転するかをプログラムしておかなくてはなりません。自動車は人間ではありませんから、功利主義的に五人助かるようにプログラムしておけば納得出来るでしょうか？危険を避けるためには一人の方になるのでは無くて、常に五人の方になるように緊張感を持って街中を歩くのでしょうか？私はこんな車と共存したくはありません。

X　物質科学から生命科学へ

生命科学のセントラルドグマ

自然科学がとった自他分離の方法論はすでにのべましたように、（一）自然を人間と切り離して対象化し、ある現象が他の現象と独立である境界で自然を切り取ります。（二）その内部で自然の複雑な構成要因を排除して、一様な理想世界で成り立つ法則性を求めます。（三）切り取った世界はお互いに干渉しないので分析的に求められた世界を再び足し合わせると全体ができることになります。したがってこの科学の方法は勢い分析的にならざるを得ませんし、分析的に求められたのがいわゆる因果律で、一意的な時空間における継時的秩序の法則になります。例えば理想気体の法則は、粒子の体積は無視できて、粒子間には相互作用のない系における法則です。実際は存在しない理論モデルにおいて求められた極限法則ですが、実在気体の法則を考える時にも大変有効でした。このように極限状態を想定して法則性を求める方法論は物質科学においては実用的にも大変有効でした。しかし、これまで述べましたように、自然科学の方法論を認識すること無しに社会システムにまで無定見に応用したことが、いまの世界では様々な問題を引き起こしたと言えます。つまり、自然科学が成り立つ前提を超えて、自然科学を安易に社会科学にまで応用したことが問題なのです。

同じことが生命科学の場合にも言えます。生命科学の研究を歴史的に振り返ってみましょう。永らく生物学は博物学の一領域であると考えられていて、いわゆる近代自然科学の仲間入りをすることが出来ませんでした。ところが、近代になって急速に発達した物理学を中心とした自然科学の法則が生物学にも適用できると思わせる発見がありました。それはワトソン・クリックによってディエヌエー（DNA）の構造が明らかにされたことです。DNA の分子構造を解明できたことが生物学を原子・分子レベルで語ることが出来るという確信を与えたことは間違いありません。DNA の分子構造を解明したクリックは明快に「現代生物学における窮極の目標は生物学全体を物理学と化学を用いて説明することである」と述べていて、生命現象の独自性などはあるはずも無いと主張しています。生物学も物理学や化学の言葉で明らかに出来るとした機械論あるいは要素還元論で生物学が語られ、それは一旦成功したかに思われました。ワトソン・クリック以後、分子生物学の研究が爆発的に展開されたことが、そのことを如実に物語っています。分子遺伝学では、遺伝情報は「DNA からタンパク質をコードする RNA が作られ、さらにそれからタンパク質が作られ、個体表現が形成される。」という一直線の要素還元論的なセントラルドグマが作られて、広く信じられてきました。「DNA は生命の設計図」だから、人は生まれ落ちた時に決定論的に一生が決まっているとまで極論する人がいたほどです。しかし、二〇〇三年にヒトゲノムの完全解読がなされたあと、その機能を体系的に解明するために国際的な研究プロジェクト「エンコード（ENCODE）計画」が実施され、その中間報告がなされました。ヒトゲノム解読がなされた際に遺伝子がわずか二万個であることが分かり、人の複雑さに比べて圧倒的に少ないことが謎として話題になりました。すでに一％のゲノム領域の機能と構造は分かっていましたが、残りを精査した結果、約八十パーセントの領域は遺伝子の制御に関係していることが判明したのです。すなわちこれらの領域で作られる五十万から二百万ほどにのぼるエンハンサーやプロモーターが複雑に組み合わさって遺伝子発現が調節され、細胞の多様性を発現していることが分かったのです。こうなりますと先に作られた一直線のセントラルドグマはリアリティを失うことになります。多くの分子生物の研究者は積み上げられたデータが膨大でしかも複雑に入り組んでいるのを前にして、呆然と手をこまねいているのが現状なのです。多様性・複雑性こそが生命の本質であり、重ね合わせの原理が成り立たない複雑な現象に切り込む方法論が求められているのです。

複雑システム

生命システムは非線形の複雑なシステムです。複雑系の研究に、計算機科学の父と言われるチューリングが一九五二年に発表した「形態形成の化学的基礎」があります。化学反応系で秩序が自己組織される現象と生命現象に形成される秩序との類似性を直観して、チューリングは化学反応によるパターン形成現象を研究しました。化学反応が均一の状態から出発して、非線形の化学反応によって時空間的なパターンを生じることをシミュレーションによって示しました。非線形の反応であれば揺らぎで局所の濃度が高くなり、高くなった局所の濃度が非線形の自己触媒反応でますます高くなります。これを揺らぎが成長すると言います。一方で、溶液は濃度差を下げようとする拡散が起ります。非線形的に局所の濃度を高くしようとする反応と濃度を均一にしようとする拡散がある反応拡散系は、両者のせめぎ合いによって空間的なパターンが出来ることを示したのです。これは無秩序から秩序が生まれることを示した画期的な論文です。非線形現象は一般には解析的に解くことが出来ませんので、非線形現象の研究が大きく展開されるにはコンピュータが一般の科学者に開放されるようになる一九六〇年代の後半まで待たなければなりませんでした。なかでもイリア・プリゴジンは平衡から遠く離れた開放系で出来る秩序を散逸構造と呼び、その熱力学的な法則性を明らかにしたことは有名です。プリゴジンは時間的に独立な境界条件を考え、境界を介して反応物質の流入と生成物の流出があって、系の内部では非線形の化学反応が起きる系を研究対象にしました。反応物質の流入と生成物の流出が存在することで、反応物質と生成物が一定の濃度に保たれる定常状態が出現します。この時系は化学平衡から遠く離れた状態になります。つまり、閉じた系では化学平衡に向かいますから、エントロピーが増大します。化学反応によって空間パターという秩序が一定に保たれるということは系のエントロピーが一定であることを意味します。反応物質の流入と生成物の流出によって負のエントロピーが流入しますから、それと化学反応によるエントロピーの産生が釣り合った状態になることを意味します。この法則はミニマム・エントロピー生成則として知られています。この法則は生命システムに対しても大きく寄与するのではないかと一時期待されましたけれども、思ったほどの効果は出ていません。それはプリゴジンが対象とした化学反応システムがエネルギーと物質に関する開放系であると言っても、その境界条件が時間的に変動しないことが条件となっているのに対して、生命システムでは環境が常に変化するために、この仮定が成立しないことによります。もう一つの理由は化学反応系が無秩序から秩序が生じる現象であるのに対し、生命現象は秩序から秩序が生じる現象であるという本質的な違いが大きいと思われます。

秩序の自己組織系の研究で重要な研究にハーケンらによって行われたレーザの研究があります。励起された原子の状態がエネルギーの低い安定な状態になるときに、原子は光を一個放出する自然輻射が起きます。その放出された光が励起した原子に衝突すると衝突した光と位相のそろった光が一個放出されます。この光を閉じこめておけば、その系では光が自己触媒的に増幅されます。つまり、鏡を両サイドにおいて光を反射させると鏡の間の距離が光の波長の（整数倍）か（整数倍＋半）波長のものだけが生き残ることになります。これがレーザ発振の境界条件です。もし、光を輻射できる高いエネルギー状態の原子が低いエネルギー状態の原子より多い場合には、誘導輻射が起きる確率が大きくなって、自己触媒的に光が増幅されますので、適当な光の取り出し口をつけてやればレーザが取り出せることになります。これも境界条件にあった揺らぎが成長する現象であると理解することが出来ます。レーザは位相がそろっているという秩序を持った光であり、発振強度は系全体の秩序を特徴づけるマクロな量なので秩序パラメータと呼びます。レーザの場合は原子の振る舞いの時定数は秩序パラメータの変化に対して十分速いので、原子の振る舞いはマクロのダイナミクスを考えるときには統計的な平均を常にとることが出来ます。このような場合、ミクロな系とマクロな系は見かけ上分離して考えることが出来ます。これを断熱近似と言います。レーザが発振するためにはミクロな原子間に位相のそろった光を輻射するという協力作用が必要ですし、逆に位相のそろったレーザ強度に比例してミクロな原子の誘導輻射が起きることになります。マクロな変数であるレーザ強度がミクロな原子の状態を制御出来ることから、これを「スレービング原理」と言います。これは平衡系におけるエントロピーの発見に相当する大きな発見だと言えます。なぜなら平衡の熱力学ではボルツマンがミクロとマクロをつなぐ物理量としてエントロピーを定義し、経験的に発見された熱力学的変数が原子分子の統計的な物理量と結びつけることを可能にしました。このことが熱統計力学を急速に進歩させ、物性の理解が飛躍的に進み、今日の目を見張る科学技術の進歩をもたらしました。「スレービング原理」は非平衡・非線形系ではミクロな状態がマクロな秩序を決定し、またマクロな秩序がミクロな状態を規定するという循環法則です。マクロな秩序を決定すればミクロな状態をコントロール出来るという意味で価値があるのです。つまり、マクロな秩序を変化させる境界条件を変えることで、ミクロな状態が制御可能であることを示しているのです。

自己組織系が表す巨視的な現象やカオス現象などでは構成する要素間の非線形性や要素とシステム全体の振る舞いを表す量との非線形相互作用が本質的な場合は、要素還元論は成り立ちません。しかし、これらの非生命現象は主体と客体を分離して対象化するという点ではこれまでの科学の方法論の延長線上にあることには変わりはありません。現象を成り立たせている要素に分解して、因果律を用いてそれらの要素の振る舞いを記述することで元の現象を説明する方法論では、現れた上位の現象は結果にすぎないことになります。現象がある機能や目的を表す場合でも、自他分離の方法論では機能は結果として現れるだけで、機能が発現する機構を説明するわけではありません。科学が機能論や目的論を排除しているのは、これまでの科学の論理が機能や目的を説明する論理ではないことから来ています。つまり、現在から過去にさかのぼって、現在の状態が生じる原因を求める方法だからです。とは言え、マクロな量である秩序パラメータが原子分子などのミクロなダイナミクスを支配できることを示したことは、拘束条件又は境界条件を適切に設定すれば、ミクロな状態を変えることが出来ることを示したことになります。これは因果律のようなボトムアップの論理だけではなく、トップダウンの論理が存在しうることを示したという意味で大きな発見であると言えます。しかしながら、これらの非線形物理学でも目的や機能が達成されるようにミクロな状態が自由に変えられることを示しているわけではありません。あくまでも拘束条件や境界条件を設定し、系を構成する要素を指定した時に秩序が出現することを示したに過ぎません。現在の複雑系の研究で生命現象を説明しようとした時に、この秩序形成を機能であると解釈することは避けなければなりません。なぜならば、必要な機能を得るための論理はそこには含まれていないためです。

生命物質科学の限界

例えば神経細胞を一個取り出して生理食塩水に入れて、活動電位や、イオン、イオンチャンネルのダイナミクスを観測するとしましょう。すると活動電位とイオンの動きの間に一定の関係が発見されます。これらの関係を表したのが有名なホジキン―ハックスレーの神経方程式です。もっともホジキン―ハックスレーがこの研究成果を発表した当時はこれらのイオンチャンネルの分子的な実体は知られていなかったと言いますから、分子的な描像を創り上げた想像力、洞察力は並はずれたものがあります。この方程式にあるパラメータは神経細胞の種類によるだけではなく、細胞がおかれた環境に含まれるモノアミンなどの神経修飾物質の濃度によって変化します。生体の中では修飾物質の濃度はたえず変化しますから、同じ神経細胞でもたえずその性質は変化することになります。近代科学は再現性を問題にしますから、同一の条件で同じ結果が出ることを求めます。すなわち環境を限定することが必要となります。神経細胞の活動を表すホジキン─ハックスレーの神経方程式も，まさに環境から切り離された状態での活動を表していますから、これは「生命物質科学」における神経細胞の性質を明らかにしたことになります。しかし、一個の神経細胞でも、細胞の細胞体と軸策では活動を同じ構造の方程式で表すことが出来ても、初期条件やパラメータは異なります。細胞環境が変わったときに神経細胞の性質がどのように変化するのかという法則性は明らかになっているわけではありません。

神経細胞とその環境との間の関係性が明らかになっていないことは、神経ネットワークの性質を明らかにする際に大きな問題となります。神経細胞がネットワークを形成しているとしますと、一個の神経細胞は数千から万のオーダーでお互いに結合しています。これらの細胞は一様ではなく種類が異なりますから、外的条件を全部与えることは容易ではありませんが、原理的には出来るとしましょう。そうしますとその時間発展は記述できることになりますが、環境が少し変わったときには初期条件やパラメータを与え直す必要があります。方程式が非線形ですから、解析的には解けませんので、再び膨大な計算をすることになります。この計算をすれば、ネットワークの性質が人間に理解できるでしょうか。前に述べましたようにこのことはちょうど熱統計力学の場合と同じことが生じます。分子や原子の運動方程式を解けば、その集団であるマクロな諸現象が理解できるかということに相当します。エントロピーは分子や原子のミクロな物理量の直接的な統計的量ではなくて、圧力、温度、体積などの熱力学的諸量を導く際の情報圧縮量です。私達がネットワークの性質を理解するには、熱統計力学で得られたエントロピーに相当するミクロとマクロをつなぐ法則性が必要となります。脳科学でも脳の解剖図にあるように担う情報の種類によって領野に分けられています。この各領野を自己充足的な実体とみなして、個々の実体固有の性質を明らかにすることや、変化の法則性を発見することは大変重要なことです。しかし、脳は他の生体の器官と同じように、脳全体で一つの器官ですから、領野ごとに切り取ってその状態を明らかにしようとしても、領野が自己充足的な実体ではないことから不可能なことなのです。そのために脳の生きている状態の研究は大変困難なのです。

なぜなら生命システムは統制された環境に生きているわけではありません。上記の方法はあくまでも物質世界で展開された方法論を踏襲しており、統一的な理解を得るまでにはまだまだ時間が掛かると思われています。アメリカのNIHはこういった現状をふまえて、脳機能の統合的理解を図る目的で一九九九年にこれらの情報を共有化するヒューマン・ブレイン・プロジェクトを始めました。脳はとにかく超複雑で多重階層性を持っていますので、遺伝子から行動に至るまでの個別情報をデータベース化することで、新しいパラダイムが発見できることを期待しているわけです。世界の趨勢はこのような状態ですから、これからもしばらくは生命科学はこの「生命物質科学」の方法論を中心に展開されて行くことになるでしょう。

XI　述語性の科学技術　―ホスピタリティ技術―

物質科学として発展してきた方法論は情報の意味的側面を排除していますから、人間を含む実世界に対して様々な問題を生じさせてきました。生体システムは無限定環境に生きており、適応するために環境とリアルタイムに調和的関係を築きながら生きています。これが生きることなのです。そのためには環境依存的に調和的関係を仮設し、それを充足するように行為をするのです。無限定環境と調和的関係を創るには、時々刻々知を創ることが必要なのです。「知の生成」が人間や生体システムの本来の「知」の意味なのです。「知」は神のものではありません。実世界で用いる技術は人間の多様性や環境の多様性に対応できて、人間の生活の質を上げるものでなくてはなりません。そのためには自らが設定した調和的関係という目標を自らが達成するという逆問題を解く技術が必要となります。逆問題は一般的に不良設定問題であり、不良設定問題を解くには必要な情報を自己言及的に自律的に創る技術が求められます。これを可能にしたり支援したりする技術がホスピタリティ科学技術です。今までは、物質科学の方法論を社会システムに応用してきました。自他分離的に用いる技術をサービス技術と呼んできました。サービスは相対価値の交換で、提供者が想定する一般的生活者に対してデザインして一方的に提供するものです。相対価値はコストで計られますので、コストを下げるために量的な拡大を目指します。量産は価格を下げる大きなファクターですから、マジョリティを対象として発達してきました。かくして貨幣価値を最大化するために、マジョリティに対してデザインし、マジョリティに対してサービスをすることになります。提供者は自己の利益のために行うのですから、生活者と乖離することになります。かくして生活者は自己を商品に合わせて使うことを強いられます。サービス経済で自他分離的に作られた商品は、使うための情報やスキルは生活者が補わなくてはなりません。必要な情報はすべて外から人間が与えることになるという意味で、主語論理的であり、中央集権的システムでもあります。

一方ホスピタリティはサービスが相対価値で計られるのに対して、「質」という絶対価値で計られます。ホスピタリティ技術は絶対価値の創造を支援する技術です。生活者は多様なので一意的なシステムではなく、個性に合わせてデザインします。また環境すなわち生活する場所も多様ですから、場所に合わせてデザインするのが特長になります。すなわち関係的で述語的なデザインになります。ホスピタリティ技術は、すべての人、あらゆる人に対して、その人が適切に使える技術を提供するわけですから、生活者と一緒に共創するスキルをあげていくことになります。閉じた世界ではなく、無限定なものにも対応する備えがそこに入っていますから、開放性のものになります。これまでの技術が扱ってきたのは閉じた世界の技術でしたが、ホスピタリティ技術は開いた世界の技術になります。ホスピタリティ技術は自他非分離の技術であり、述語的な技術になります。ホスピタリティ技術は生活者の満足度で計られることになりま

図14

評価の指標は「効率であり、より速く、より多く、
より安く、より便利に、より簡単に

↓

モットモットオ主義

↓

物質的欲望が
環境問題資源問題を引き起こす

↓

持続不可能！

→ **ホスピタリティ科学技術へ**

す。しかも、質という絶対価値には上限がありませんから無限の成長が可能なのです。先に述べましたように、情報が消費されるものから生成されるものに変わっていけば、このような質という絶対価値を創ることになります。幸い情報システムは急激に進歩していますので、絶対価値を創る情報生成機能を持ったシステムを創造する準備は今や整っていると思います。サービスが中央集権的システムであったのに対して、情報生成能力を持ったシステムは自律分散システムになります。

もう一つホスピタリティ技術の

特徴をあげておきます。ホスピタリティ技術は逆問題を解く技術でもあります。この性質は絶対的価値を創造するうえで本質的になります。例えば、環境問題ですが、物質的な自然循環サイクルに入らないモノや物質は排除することになります。自然循環サイクルに入る物質とエネルギーだけで、目的を達成する技術だからです。太陽から送られてきたエネルギーを使って、我々はいのちを繋いでいるわけです。これが持続性です。つまり、太陽エネルギーで生態系の秩序が創られ、その動的な平衡状態を維持しているわけです。ホスピタリティ技術では、炭酸ガスを過剰に排出したり、地球資源を過剰に浪費したりして、地球の温暖化を招いたり、生態系の秩序を壊したりすることがなくなります。つまり、地球の動的平衡を撹乱しない持続的に発展できる技術なのです。サービス技術からホスピタリティ技術へ移行して、排気ガスも、ゴミもゼロにする、「ビジョン・ゼロ」プロジェクトがその中核をなすことになります。経済統治性から言えば、商品と交換とサービスの中心の世界から、資本と場所とホスピタリティの世界へパラダイムシフトすることになります。

あとがき

近代文明は科学技術の進歩によって支えられており、利便性は飛躍的に増大し、物質的な豊かさをもたらしました。現代社会はこのことを「進歩」として喝采をもって受け入れ、挙句、科学技術の方法論を人間の諸活動に対しても適用してきました。人間の活動がグローバル化したのも、世界的にこの方法論を適用したためです。西欧科学技術は世界中を席巻し、産業構造,社会構造を大きく変革させ、これまでのイデオロギー対立の時代から経済至上主義による経済競争の時代へと移行することになりました。しかし、これを「進歩」というのであれば、「進歩」は単に利便性の増大・経済規模の拡大を指すにすぎません。

この近代文明の持つ一面性を無視するかのような無定見な科学技術の展開やその方法論の濫用は、生命維持装置である地球との調和を失なわせ、世界的な課題を引き起こしてしまいました。その最たるものに「エネルギー・食糧・地球環境問題」と「格差の問題」があります。

さすがに、地球温暖化やそれにともなう自然災害の増大など、地球環境の危機的な状況を放置できないとして、国際的な専門家でつくる「気候変動に関する政府間パネル（IPCC）」がつくられました。一九九七年には地球温暖化防止京都会議でいわゆる「京都議定書」が採択され、二〇一五年には二〇二〇年以後の温室効果ガス排出削減の新たな国際的枠組みとして、「パリ協定」が採択されました。

また、格差の問題に関しては、気候変動の枠組み条約とは別に、二〇一五年九月に「持続可能な開発目標（SDGs・Sustainable Development Goals）」十七項目が国連サミットで採択されました。国際社会が二〇三〇年までにだれ一人取り残されることのない、貧困を撲滅し、平和で安定した繁栄を目ざし、人間の安全保障と質の高い成長を実現する目標をかかげました。その際「地球は私たちがいなくても存在できるが、私たちは地球がなければ存在できない。先に消えるのは私たちである」という危機感が議論のベースになっています。そこでは，SDGs を策定し、それを達成するために効果的で包摂的な制度が必要なことを謳っています。

しかし、気候変動の枠組み条約である「パリ協定」を制定したり、国連サミットで採択されたSDGs を掲げたりしただけでは、それを実現する方法論やプロセスを示さない限り、地球の危機的状況を脱することは難しいと思われます。

特に幾何級数的に増大する人口問題や貧困をなくす分配の問題などは、国際間の合意を得るのは困難であるとして、議論することさえ避けているのが現状です。これでは持続可能に発展する世界を創り上げていくためのロゴス・論理が存在していないと言わざるをえません。近代文明はたしかに科学技術によってもたらされた訳ですが、現代の世界的な課題もまた科学技術の進展によって引き起こされたのも事実です。

また、二〇一九年に中国武漢に始まった新型コロナウィルス（Covid 19）のパンデミックは、この問題の深刻さをあらわにしました。新型コロナパンデミックの被害は世界的に深刻になっていますが、なかでも被害は先進国より発展途上国の方が深刻であり、同じ国内でも経済的格差の上位層に属する人より下位層に属する人の方が影響をより多く受けています。このことはパンデミックだけではなく、自然災害などの危機に面したときに、現在の社会構造・産業構造は脆弱であり、今後被害がますます拡大するだろうことは、想像するに難くありません。現在の状況を放置すれば、国家間格差や格差社会がますます拡大し続けますので、持続可能な開発や持続可能な発展はありえないことを意味しています。つまり，人類が地球環境と調和して生き延びていくには「科学技術の方法論そのものの革新」を必要としているのです。

現代科学・技術の方法論のベースは、二元論です。「デカルト切断」と言われるように、人間と対象を切り離し、他と干渉しないところで、現象を切りとってくる「自他分離」の方法論です。これを人間の諸活動にも適用し、まわりとの関係がない境界で切りとって、自己完結的な目標を創ってそれを追い求めると、目標自体を規制するものはありませんから、無限に追求してしまいます。

本来、人間の諸活動はお互いに関係しており、他と切り離してはありえないし、複雑な要因を排除すると人間らしさが除かれてしまいます。つまり、この科学の方法論は人間の諸活動に対しては適切なものではないのです。このことはキリスト教から西洋哲学が生まれ，その哲学から近代科学が創られてきた歴史を鑑みれば，明らかです。生命は自然との一体性の上に成りたつものです。予測不可能的に、しかもダイナミックに変化する環境と調和しなければ、生命は存在できません。そのためには、科学も「自他非分離」の方法論でなくてはなりません。もちろん「自他非分離の科学」は「自他分離の科学」を否定するものではなく包含するものなのです。

人類の文化の歴史を顧みますと、その中心には自他非分離の極ともいえる「利他性」があります。「利他性」をもって「真・善・美」を行動規範として行動することで、人間の多様性が生まれ、複雑な環境と調和できる「文化」を創りあげてきました。文化を形づくるにはコミュニケーションが欠かせませんし、コミュニケーションの本質は「利他性」なのです。その意味で、現代のインターネットは適切なコミュニケーションの方法とは言えませんので、地球環境・格差の問題に加えて、もう一つの問われなおされるべき人類の深刻な課題になっているといえます。

これまで述べました「科学資本のパラダイムシフト」とは、「物質科学」から「生命科学」にシフトすることを意味しています。それは「自他分離」の方法論から「自他非分離」の方法論にシフトすることであり、パンデミック後は、この方法論を展開することにより、はじめて世界人類の「持続可能な発展・進化」が望めると思います。

二〇二一年一月

矢野雅文（やのまさふみ）

1946 年福岡県生まれ。東北大学名誉教授。東京大学薬学部助教授等を経て 92 年より東北大学電気通信研究所教授。東北大学名誉教授、Ph.D。専門は生命情報学。生体におけるエネルギー変換の研究を行い、力学エネルギーに変換された分だけ化学エネルギーが供給される散逸制御によって高効率が保証され、それを可能にする機構として「動的協力性」の存在を発見した。これによって世界で初めて「やわらかい生体エンジン」を製作することに成功し、世界的に展開されることになるマイクロマシン研究の端緒になった。さらに、精緻な生体運動を制御する生命情報の研究を行い、予測不可能的に変化する環境下でも即興的に目的を達成する制御法である「拘束条件生成・充足法」を提唱し、逆問題の一般的な解法を提案した。これは硬い論理と逐次処理を行う現在のコンピュータの致命的欠陥であるリアルタイム性の欠如を解決した、この方法は力学方程式を直接かつ逐一解く方法ではなく、自律分散的にセンシングとコンピュテーションを融合させることで、実質的に時間的に変動する力学方程式を解くことに対応している。しかも環境変化や故障に対してもリアルタイムに補償できる方法論である。実際のロボットに適用しその有効性が確認されたので、実世界で人間と協働するロボットの道を拓いたことになる。
学術論文・著書は共著を含めて 100 報以上。

知の新書 002

矢野雅文
科学資本のパラダイムシフト
パンデミック後の世界

発行日　2021 年 2 月 28 日　初版一刷発行
発行所　㈱文化科学高等研究院出版局
東京都港区高輪 4-10-31　品川 PR-530 号
郵便番号　108-0074
TEL 03-3580-7784　　FAX 03-5730-6084
ホームページ　ehescbook.com

印刷・製本　　中央精版印刷

ISBN　978-4-910131-06-1
C1240